맛있는 아침을 꿈꾸며

맛있는 아침을 꿈꾸며

© 백혜숙, 2018

2018년 2월 27일 초판 1쇄 발행

지은이 백혜숙
펴낸이 김진수
펴낸곳 잉걸미디어
　　　　등록　2007년 4월 18일 제320-2007-28호
　　　　주소　(08763) 서울시 관악구 조원로 176 (신림동) 성우파크빌 101호
　　　　전화　02·884·3701
　　　　이메일 ingle21@naver.com

ISBN 978-89-959525-7-3 13520

■ 책값은 뒤표지에 있습니다. 잘못 만들어진 책은 구입하신 서점에서 바꿔 드립니다.
■ 이 책의 내용을 사용하고자 할 때는 저자와 잉걸미디어의 서면 동의를 받아야 합니다.

■ 이 도서의 국립중앙도서관 출판예정도서목록(CIP)은 서지정보유통지원시스템 홈페이지(http://
　seoji.nl.go.kr)와 국가자료공동목록시스템(http://www.nl.go.kr/kolisnet)에서 이용하실 수 있
　습니다. (CIP제어번호 : CIP2018005074)

맛있는 아침을
꿈꾸며

| 백혜숙 지음 |

'맛있는 아침'을 꿈꾸며

요즘 연일 미세먼지농도가 '나쁨'이다. 서울에서도 미세먼지농도가 나쁜 곳 중에 하나가 송파구이다. 도시문제 해결을 위해 도시농업으로 다양한 시도를 했던 곳이 송파구이다. 엄마와 함께하는 어린이텃밭놀이터 프로그램, 텃밭강사 양성, 도시농업지원센터 역할, 롯데타워가 들어서기 전 송파자전거대여소 근처에 두렁길상자텃밭 설치, 석촌동 주머니텃밭가꾸기 행사, 거여공원 주머니텃밭길 조성, 잠실2동주민센터 옥상에 조성한 텃밭 등 흐뭇했던 일들이 떠오른다.

올해 송파에서 '흙의 시절'을 다시 시작하려 한다. 이후 2030년까지 '흙의 시절'을 위한 활동을 해갈 것이다. 자연으로부터 멀어지는 도시 아이들의 정서, 환경성질환 문제를 해소하기 위하여 '흙의 시절'을 회복하고자 시도했던 최초의 공간이자 도시텃밭을 통해 사회를 혁신하고자 했던 절실함이 스며있는 곳이기 때문이다.

솔이텃밭에서 건강을 되찾은 어르신의 환한 미소를 보았고, 흙 놀이를 맘껏 즐기며 과잉행동장애를 떨쳐버린 아이의 해맑은 웃음소리를 들었고, 원두막에 모여 수다스런 이야기꽃으로 자신감을 회복한 엄마들의 일자리를 도왔다. 모두들 "이제는 그 '흙의 시절'로 다시 돌아갈 수 없다"고 말하던 송파의 아스팔트 위에서, 아파트 베란다에서, 길가에서, 우리는 '흙의 시절'을 꿈꾸며 사람들을 만났고 텃밭을 만들었고 씨앗을 심었다. 아파트 베란다가 작은 흙의 보금자리가 되는 것을 보았고, 칙칙하던 마을 어귀가 정성이 담긴 화분들이 모여 화사하고 푸르게 바뀌는 것을 보았다. 그렇게 사람들이 모여 '흙의 시절'로 되돌아가는 모습을 보았다.

과분하게도 여러 역할을 맡아 왔다. 서울도시농업위원회 부위원장, 서울 먹거리시민위원회 기획위원, 더불어민주당 송파을지역 사회적경제위원장, 아이건강국민연대 공동대표…. 4차 산업혁명 시대의 핵심인 '연결과 공유'에 걸맞게 나름대로 분주히 뛰어다녔다. 농업-영유아, 영유아-사회적기업, 사회적기업-농업, 영유아-농업-사회적기업을 연결하고 다른 분들과 공유하며 사회혁신을 해 왔던 현장경험으로 송파에서 백혜숙 4.0을 펼치고 싶다.

지역에서는 미세먼지 없는 아침, 함께 밥 먹는 아침, 놀 곳 있는 아침, 아이가 즐거운 아침, 엄마가 행복한 아침, 아빠가 편안한 아침, 할아버지 할머니가 건강한 아침 등, 삶의 질을 높이는 일상적인 '아침 찾기' 캠페인과 사회적으로 '안녕한 아침'을 위하여 공감·공정·공유의 사회적경제 시스템을 마련할 것이다. 더 넓게는 모두의 아침을 위하여 뛰려 한다. 생애주기별 사회적 돌봄의 상징, 건강한 생활의 근원, 안전한 먹거리의 기본에 대한 국민적 공감대 형성을 위해 청와대 텃밭 만들기에 애정을 쏟을 것이다.

2018년 2월

백혜숙

'흙의 시절'을 꿈꾸던 송파

각시동부

개골팥

Contents

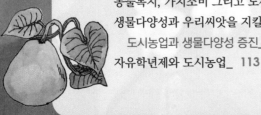

지키고 가꿔야 할 토종작물

개구리참외

검은땅콩

텃밭이 있어
즐거운 아침

* 다음은 "잠깐만~ 우~리 이제 한번 해봐요, 사랑을 나눠요~"라는 로고송으로 많이 알려진 〈MBC〉
'잠깐만 캠페인'에 나갔던 필자의 글입니다. 2016년 5월 30일부터 6월 5일까지 방송되었어요.

도시 농업이 생소하시다고요?

도시에 살면서 직접 주말 농장이나
텃밭을 가꾸어 보신 적이 있으신가요?

손수 씨를 뿌리고
부지런히 물을 주고 가꿔서
어엿한 도시농부로 성장하신 분들도 계실 테고요.
또, 막연하게 시작했다가
아쉽게 중도에 포기하신 분들도 계실 겁니다.

어디서든 농작물을 손수 키워본 사람들은
누구보다 먹을거리의 소중함을 잘 알게 되는데요.
직접 흙냄새를 맡으며
채소를 가꾸고 경작하는 경험이야말로
도시에서 자연을 접할 수 있는
가장 좋은 기회가 아닐까요?

아이들과 텃밭

어릴 적에 비가 내리면
그 비를 맞으며 도랑 만들기 놀이도 하고,
흙 속에서 뒹굴며 재미나게 놀았던 기억이
생생합니다.

그런데 요즘 아이들의 놀이터에는
흙 한 줌 없는 곳이 많은데요.
아이들이 성장하면서 겪지 말았으면 하는 것 중에 하나가
바로 '자연결핍'입니다.

'원예가보다
아이들이 가꾸는 꽃과 채소가 더 잘 자란다'는 말이 있는데요.
도시에 사는 아이들도 직접 채소를 가꾸고 흙을 만지면서
자연과 소통할 수 있는 기회가
더욱 많아졌으면 좋겠습니다.

호미 이야기

도시에서 텃밭 농사를 짓는 분들의
필수품이 있습니다.
모종도 심고, 풀도 뽑아내는,
텃밭 재주꾼인 호미입니다.

텃밭을 가꿔보신 분들은 아시겠지만,
호미를 사용해 보면,
사용할수록 손에 잘 익어서
자꾸만 호미를 잡고 일을 하고 싶어지는데요.

텃밭에서 신나게 땀 흘리며 호미질을 하다 보면,
몸도 마음도 한결 가볍게 느껴진다는
분들이 많습니다.

가뭄이 들어도, 흙에 공기가 필요해도,
호미질이 만병통치약이 되듯이,
도시에 사는 사람들에게
자연이 바로 그런 존재가 아닐까요?

도시 농부 되어보기

생전 풀 한 포기 길러본 적이 없는데
도시에 살면서 농사를 지으려고 하면,
무엇을 심어야 할지, 또 어디에서 시작해야 할지
처음엔 막막한 분들이 많으실 거예요.

그럴 땐 먼저, 집에 있는 작은 종이컵이나
페트병을 활용해서
새싹 채소 기르기에 도전해 보세요.

물을 적신 부직포나 솜에
씨앗을 뿌리고 신문을 덮어서
이따금씩 공기를 통하게 해 주면
일주일 안에 수확도 가능합니다.

도시에 살면서 농사 지어보기…
천천히 자연의 속도에 맞춰서 시작해도
늦지 않습니다.

수확물 나누기의 즐거움

텃밭을 가꾸는 분들이 꼽는 가장 큰 즐거움은
역시, 익은 농작물을 거두어들이는
수확의 즐거움입니다.

그 양의 많고 적음보다는
땀과 정성의 결과물에 그저 신기하고
감사한 마음을 갖게 되는데요.
특히, 텃밭에서 수확한 상추, 아욱, 토마토…
이런 것들을 이웃과 나눌 수 있다는 것이
큰 기쁨이 됩니다.

농사의 참맛은 나누는 데 있기 때문인데요.
바쁘고 삭막한 도시 생활에서
텃밭 활동이야말로 우리 가족과 이웃에게
골고루 웃음을 선사해 줍니다.

6월 농사

도시에서 텃밭 가꾸는 분들을 보면,
혼자보다는 꼭 누군가와 함께 오는 경우가
많습니다.

가족이나 여러 공동체에서 시간을 내 같이 와서
호미질, 물주기, 수확하기 같은 작업을
모두 함께 하는데요.

다른 데선 몰라도 특히 이곳…
텃밭에서만큼은 어르신들의 목소리가 무척 큽니다.
아무래도 농사는 경험의 산물이기 때문인데요.

좋은 사람들과 함께 씨앗을 뿌리고,
여러 가지 작물을 가꾸며,
수확하고 나누어 먹는…
텃밭을 가꾸며 느낄 수 있는 그 모든 즐거움에
흠뻑 빠져 보세요.

세계 환경의 날과 도시농업

도시에서도 텃밭을 가꾸거나
베란다에서 채소를 키우다 보면,
직접 흙을 만질 기회가 많은데요.
흙 만지는 시간이 늘어날수록
몸과 마음이 편안해 진다는 분들이 적지 않습니다.

뿐만 아니라, 도시농업이 정착되면,
도시 중심부의 기온이 주변 지역보다 높게 나타나는
이른바 '열섬현상'이 완화되는 효과가 있어서
지구온난화 방지에도 한몫을 할 수 있는데요.

지금 우리가 키우는 화분 하나,
그리고 한 평의 텃밭을 가꾸는 작은 노력이
도시의 환경을 살리는 좋은 밑거름이 됩니다.

곤드레

녹두

안녕한 아침을 위한
도시농업

도시농업은 효율적인 미세먼지 대책

대기오염은 이제 일상이 되었고, 미세먼지(PM_{10})와 초미세먼지($PM_{2.5}$) 농도에 따라 오늘의 일정을 달리해야 하는 등 공기 상태는 삶의 행동반경을 줄이고 있다. 초미세먼지는 폐로 들어와 혈관을 타고 뇌까지 침투하고, 심근경색을 일으켜 조기사망의 원인이 된다.

심지어 임신 중 미세먼지에 노출된 태아는 수명 단축과 연관성이 깊은 텔로미어의 길이가 짧아 빨리 노화된다고 한다. 특히, 같은 공간일지라도 어린이는 성인보다 미세먼지를 더 많이 들이마실 수 있으므로 각별한 주의가 필요하다. 지면 가까이에 쌓인 먼지일수록 잘 흩어지지 않기 때문이다.

국내 초미세먼지의 주요 발생요인으로는 화력발전소, 경유차 등이 지목받고 있다. 그러나 한국환경정책평가연구원(KEI)의 분석 결과에 따르면, 국내 주요 산업단지 초미세먼지 배출량은 화력발전소, 경유차에 못지않다. 산업단지가 배출하는 초미세먼지로 인한 조기사망자가 연간 1,472명에 달한다고 한다. 조기사망 원인인 공기오염은 실외 실내를 가리지 않는다. 난방과 요리과정에서 나오는 물질도 조기사망 가능성을 높인다.

이렇게 갈수록 심각해지는 공기오염으로 인해 깨끗한 공기를 압축한 캔이나 오염물질 차단기능이 있는 마스크를 파는 기업들이 속속 생겨나고 있다. 최근 보도에 의하면, 경기도와 기상청이 나서서 인공강우가 미세먼지를 줄이는 효과가 있는지 '강우커튼' 실험을 연말까지 2~3차례 실시한다고 한다. 이번 인공강우 실험은 자연 상태의 구름에 염화칼슘을 뿌려 빗방울을 만든다. 마스크 공장이 늘어나면 초미세먼지는 더 늘어날 것이고, 염화칼슘이 사용되면 수질오염이 가중된다. 문제를 해결하기 위한 방안들이 또 다른 문제나 2차 환경오염을 유발하지는 않는지 면밀하게 검토하여 실행을 해야 할 것이다.

미세먼지 대책으로 서울시 한 구청에서는 4,300여만원의 예산을 마련해 연말까지 공기청정기 650여대를 어린이집에 지원할 예정이라고 한다. 공장을 가동해 생산하는 공기청정기, 오염측정기만이 아니라, 공기정화 식물을 함께 보급하면 초록식물로 실내 공기도 신선해지고, 녹시율綠視率도 높아져 아이들의 정서가 더욱 안정된다. 가정연계 교육이 잘 이루어지는 어린이집에서 공기정화 식물로 실내 공기의 질을 높인다면 이런 방법이 자연스럽게 각 가정으로 확산되어 공기정화 식물을 가꾸며 아이들의 건강을 챙기는 집들이 늘어나게 될 것이다.

식물에 의한 공기정화는 잎과 뿌리 부분의 미생물이 담당한다. 식물의 잎으로 들어온 물질은 광합성에 필요한 에너지원으로 이용된다. 흙으로 흡수된 오염물질은 미생물에 의해 분해되고, 뿌리가 흡수하여 식물 성장, 음이온과 향기 발산 등에 사용된다. 식물 잎이 넓거나 왕성하게 자라는 시기에는 그만큼 공기정화 기능도 좋아진다. 왕성하게 자란다는 것은 흙 속 미생물이 활발하게 움직이며 식물성장에 필요한 물질을 분해하고 있다는 뜻이다.

국가가 나서야 하는 큰 틀의 미세먼지 대책과 제도, 지방정부 차원의 해법과 시스템, 관련 기관의 연구 등으로 종합적인 미세먼지 시스템이 구축되어야 한다. 저탄소운동, 에너지 절약, 환경에 도움이 되는 도시농업은 효율적인 미세먼지 대책이 될 수 있다. 고염분을 포함한 환경스트레스에 잘 견디는 고구마 등을 도심 옥상 곳곳에 심으면 탄소 흡수율을 높이고 열섬도 완화시킬 수 있다. 커피찌꺼기를 퇴비로 만들어 가로수 화단에 넣어주면 대기가 정화되고, 도시유기물 순환으로 탄소배출도 저감된다. 가게 앞에 상자텃밭을 보급하면 공기와 경관도 좋아지고 지역경제에도 도움이 될 것이다.

또한 생활 속 미세먼지 예방과 대책을 마련하여 모두가 실천할 수 있도록 하는 것이 필요하다. 날씨가 추워지면 대부분 실내에서 생활하는 시간이 늘어난다. 실내 환기를 소홀히 하면 자칫 공기의 질이 나빠질 수 있으며 건강에 악영향을 끼치게 된다. 그러므로 실내 공기의 질을 높이고 미세먼지를 줄이기 위하여 각 공간에 맞게, 다양한 방법으로 식물을 기를 수 있는 정보를 적극적으로 제공해야 한다.

지키고 가꿔야 할 토종작물

달래파

돼지감자

도시농업과 일자리 창출

도시농업과 일자리는 어떤 관계가 있을까? 도시농업 초창기라 할 수 있는 2012년만 해도 '도시농업은 운동인가 산업인가?'를 묻곤 했다. 하지만 최근에는 '도시농업은 일자리인가 일거리인가?'를 두고 갑론을박이 벌어지고 있다. 도시농업 분야 중 노동부 인증 사회적기업을 운영하는 필자의 견해를 보태면, 도시농업에는 다양한 활동거리와 일거리, 일자리가 혼재해 있다. 혼재하기 때문에 의미가 있고, 그래서 다양한 공간과 계층에서 도시농업 일자리가 만들어 질 수 있다고 본다.

녹색공간의 필요성, 열섬 현상, 대기질 악화 등 도시의 문제를 해결하는 과정에서는 도시농업에 대한 논의가 불가피하다. 도시문제 해결 과정을 통해 도시농업 일자리가 창출된다는 얘기다. 도시문제 해결과 관련된 활동거리와 일거리가 많아질 수 있는 사회경제적 생태계가 마련된다면 얼마든지 안정적인 일자리가 될 수 있다. 도시농업공동체는 협동조합으로 발전할 수 있으며, 혁신적인 아이디어를 가진 청년그룹은 소셜벤처로 성장이 가능하다. 특히, 도시농업지원센터를 지원·육성하는 정책만 잘 펼쳐도 가시적인 일자리 창출효과를 기대할 수 있을 것이다.

도시농업 활성화뿐만 아니라 일자리 창출을 위해서는 패러다임의 전환도 요구된다. 현재는 도시농업의 유형이 주택활용형, 근린생활권, 도심형, 농장형·공원형, 학교교육형 등 공간 중심으로 구분돼 있다. 이를 공동체를 중심으로, 지속가능한 공동체의 다원적 활동으로 세분화하여 장려할 필요가 있다. 필자는 개인적으로 「도시농업의 이론, 패러다임 및 유형 분석을 통한 지속가능한 개발방향에 관한 연구」(2014, 한주형·장동민)라는 논문에 주목했다. 논문은 도시농업을 바라보는 심도 있는 시각을 제시한 바 있다. 건강적 측면(도시농업 활동으로 발생하는 신 라이프 스타일, 신체·물리적 활동과 정신적 만족감 추구), 환경적 측면(도시농업 개발 형태의 유형 제시를 통한 도시생태계 및 도시미기후의 개선), 식량안전 측면(도시농업의 자가 활동을 통한 신속한 섭취, 신뢰성 확보와 균형적 식량분배 구조 확보), 사회·문화적 기능 측면(도시와 농촌의 인구공동화 현상 해결을 위한 균형적인 도시농업 기술문화 분배), 나눔적 측면(신 도농교류시스템과 도시농업 기술, 결과물의 공유), 레저·여가·복지적 측면(도시농업과 연계된 농업관광, 농업스포츠, 메디컬산업 등의 도시농업 융합 활동), 교육적 측면(농업 '체험교육', 농업기술 습득을 위한 '전문교육' 등 다양한 목적을 위한 교육의 세분화)이 그것이다. 이 7가지 분야는 다른 산업과 융복합하는 도시농업 일자리 창출에 유용한 접근방식이다.

대한민국은 이제 도시농부 160만 시대를 맞이하고 있다. 이런 상황에서 도시농업을 뒷받침하는 지원 기관은 얼마나 될까? 서울이 6개 기관(강동도시농업지원센터, 송파도시농업지원센터, 텃밭보급소, 라이네쩨, 송석문화재단, 도시농업포럼), 부산 4개 기관(부산도시농업네트워크, 미래창조평생교육원, 부산도시농업포럼, 부산도시농업협동조합), 경기에 5개 기관(김포시농업기술센터, 한국사이버원예대학, 한국미래도시농업지원센터, 고양시도시농업지원센터, 화성시농업기술센터), 인천, 광주, 충북, 충남, 경남에 각 1개 기관 등 총 20개 기관이 있다. 이들 기관은 주로 공익기능에 관한 기초교육과 홍보, 텃밭 및 기자재 보급 등을 담당하고 있다.

2010년 15만3천명에 불과하던 도시농부가 2014년 108만명, 2017년 160만명으로 증가하는 추세를 보면, 당연히 도시농업 기초교육과 농자재에 대한 수요가 갈수록 늘어날 것이고, 사회적 필요를 충족시키기 위해 도시농업지원센터도 증가할 것이다. 도시농업지원센터를 제대로 지원하고 육성한다면 도시농업 일자리 창출에 큰 변화가 나타날 수 있다. 그러나 한정된 예산으로 도시농업지원센터를 지원하는 현재의 방법으로는 도시농업지원센터 간 경쟁만 가중시킬 우려도 있다.

이에 대한 대비책으로는 협동조합, 마을기업 등 사회경제조직 중 도시농업지원센터를 운영할 수 있는 기관을 선정하여 농림형 예비사회적기업으로 지정해주는 방안이 있다. 농림형 예비사회적기업 지정은 노동부 사회적기업으로 인증 받을 수 있는 디딤돌이 되고, 도시농업 일자리 창출의 마중물이 될 수 있다. 또한 도시농업과 사회적경제가 융합할 수 있는 기회가 된다. 농림형 예비사회적기업은 2014년부터 시행한 산림형 예비사회적기업 육성 및 지원을 벤치마킹하여 실행할 수 있다. 산림형 예비사회적기업은 전국에 29개(서울에 3개)가 존재하며, 예비단계에서 다양한 지원을 받은 후 노동부 인증을 받은 사회적기업은 전국에 11개(서울에 3개)가 있다.

산림형 예비사회적기업 지정인증 요건에서 제시한 조직형태로는 산림치유지도사 양성기관, 산림교육전문가 양성기관, 산림교육센터 등이 있다. 산림형 예비사회적기업 지정인증 제도가 실시된 배경을 살펴보면 머지않아 농림형 예비사회적기업도 추진될 수밖에 없음을 짐작할 수 있을 것이다. 도시농업관리사 국가자격증 제도 시행에 따라 도시농업전문가양성기관과 도시농업지원센터가 증가될 것이고, 이러한 기관들이 양적으로 증가하면 중간지원조직격인 중앙도시농업지원센터의 필요성도 대두된다.

지역별 도시농업지원센터, 민간단체, 협동조합 등 도시농업 관련 조직들은 대부분 공모사업, 자치구 위탁사업을 수행하며 조직을 운영하고 있다. 사업 아이디어와 역량을 갖추고 있어도 어느 기관, 누구를 찾아가야 하는지 몰라 사업화 되지 못한 경우도 다반사다. 농촌과 상생하는 도시농업, 우리씨앗 모종 공급, 개방형 혁신을 통한 융합프로젝트 IOT화분관리기 보급, 반려식물 보급, 반려견의 수제간식 판매 등 이미 다양한 형태로 도시농업이 파생되고 있다. 이러한 활동이 사회적경제로 발전하여 일자리를 창출할 수 있는 기회도 많으나, 이를 중간에서 꿰어주는 기관이 없어 도시농업 조직들이 홀로 고군분투하고 있는 실정이다.

중앙도시농업지원센터가 운영된다면 파급 효과는 적지 않을 것이다. 먼저 서울시 산하 공공기관 및 지원센터와 협력하여 자원 연계, 아이디어 발굴과 육성, 적극적 홍보 등을 통해 도시농업 사회경제조직이 활성화 될 수 있다. 또한 도시농업 사회경제조직 발굴과 창업 지원을 위한 경진대회 개최, 우수 경제조직 선정과 지원, 사회적 경제 전문가 양성 등을 통해 도시농업 영역 확대와 추가적인 일자리 창출도 가능할 것이라 본다.

지키고 가꿔야 할 토종작물

들깨

목화

도시농업 일자리 창출을 위한 생태계 조성과 제도가 필요하다

서울 도시농업은 경제진흥본부 도시농업과에서 담당하고 있다. 서울시가 도시농업과(2015년, 도시농업팀에서 도시농업과로 승격)를 경제진흥본부에 두 었다는 것은 도시농업을 국민의 생활과 생계에 관계된 경제, 즉 민생경제로 보았기 때문이다. 저성장, 고물가 시대에 접어들면서 에너지, 먹거리, 주거 는 민생경제의 3대 주요 현안이 되었다. 도시 환경 과부하를 가져오는 쓰레 기 문제, 생산의 기회가 없는 소비자 문제, 해마다 늘어나는 1인 가구(27%)과 독거노인, 탈학교 학생과 학교폭력 문제는 도시가 풀어야 할 과제이다.

위에서 열거한 민생경제와 도시문제의 해법은 도시농업에서 찾을 수 있 다. 도시농업을 통해서 도시문제를 풀면서 민생경제를 안정화시킬 수 있으 며, 해결하는 과정에서 일자리를 창출할 수 있다. 민생경제와 도시문제 해결 및 일자리 창출 방안을 4가지로 정리하면 다음과 같다.

첫째, 도시에서 발생되는 유기성쓰레기, 특히 커피찌꺼기는 99.8%가 매 립되어 다량의 매탄가스를 발생시키고 있다. 하지만 지역주민이 커피찌꺼 기를 수거하고 퇴비로 만들어 지역에 사용함으로써 환경문제도 해결하고 일자리도 창출할 수 있다. 지역에서 퇴비화 하면 탄소배출을 더 줄일 수 있 으며, 지역주민이 함께하므로 지역발전과 더불어 일자리가 창출될 수 있다. 커피찌꺼기 퇴비화는 과정이 간단할 뿐더러 발생하는 냄새도 커피향이라 누구에게나 익숙하다. 커피퇴비를 도시텃밭과 상자텃밭에 활용할 수 있도 록 퇴비공동체를 구성하고, 자치구마다 '우리동네퇴비발전소'를 하나씩 설 치한다면 최소 50명의 일자리가 창출될 수 있다.

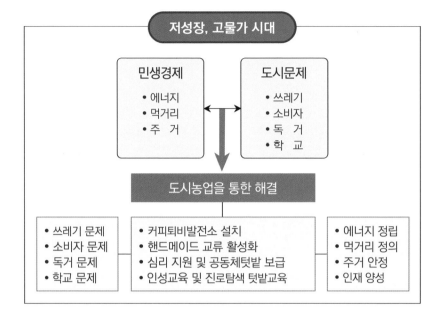

퇴비를 구하는 불편함 때문에 작물 가꾸기를 중도에 포기하거나 텃밭을 방치하는 사례도 줄일 수 있다. 커피생산기업은 환경부담금을 퇴비공동체에 지원하고, 수거, 이동, 매립에 따른 에너지를 조사하여 절약된 만큼 적립(서울 에너지공사 협력)하여 취약계층 에너지 복지에 기부하는 한편, 자치구는 생산된 커피퇴비를 공공재로 구입하여 자치구 도시농부에게 보급하는 것이다. 한발 더 나아가 농업기술센터가 커피퇴비화 기술을 지원하여 여러 곳에서 양질의 커피퇴비를 생산한다면, 한국국제협력단(KOICA·코이카)을 통해 해외 원조까지 모색함으로써 국제적인 선순환사업으로 발전할 수 있을 것이다.

또한 서울 도시농업지원조례 제20조 도시농업공동체 지원사업에 근거하여 '우리동네퇴비발전소'를 설치한 퇴비공동체를 지원하고, 협동조합으로 성장할 수 있도록 경영컨설팅을 제공한다면 지속가능한 일자리가 추가로 창출될 것이다. 여기에 부가적으로 수반되어야 할 것은 2018년부터 적용되는 「자원순환촉진법」에 맞춘 적절한 조처를 강구해야 한다는 점이다. 이 법안에 따라 서울시 조례를 제정할 때, 지역공동체가 커피찌꺼기를 수거할 경우에는 면허 없이도 수거가 가능토록 하여 공공자원화 할 수 있게 해야 한다.

둘째, 고물가 시대에 먹거리 안정과 안전은 민생경제의 현안이다. 도시 소비자는 먹거리 생산자로서의 기회가 거의 없어 먹거리의 생산과 제품화 과정을 알기 어렵다. 도시농부가 되어 생산자의 경험을 해보도록 지원하고, 생산한 농산물을 직접 제품으로 만들어 판매할 수 있는 지역별 '도시농부장터'를 확대하면 소비자가 생산자가 되어 먹거리 정의(모든 이에게 좋은 먹거리가 골고루 돌아가길 바라는 것)가 확산될 수 있다. 이는 귀농귀촌의 징검다리 역할을 할 수 있으며, 이러한 생산자로서의 경험이 은퇴 후 경제활동의 디딤돌이 된다. 도시농부장터 일자리 창출은 200명 이상이 될 것이다.

조선시대 정조가 육의전六矣廛을 제외한 일반 시전이 소유하고 있던 금난전권禁亂廛權(일반 시전상인들만의 상행위 활동을 배타적으로 제한한 권한)을 폐지하여 비시전계非市廛系 상인들의 활동을 용인한 상업정책으로, 당시 사회경제적 요구를 관철하여 상업 발전의 새로운 계기를 마련한 신해통공辛亥通共을 시행한 것처럼, 도시와 농촌의 농산물을 활용하여 핸드메이드 식품을 만들어 유통할 수 있는 기회를 확대해야 한다. 핸드메이드 제품을 도시농부장터에서 유통할 수 있는 방안은 먹거리창업센터를 오픈 스페이스로 활용하는 것이다.

먹거리창업센터는 즉석식품제조업에 대한 정보 제공과 더불어 핸드메이드 제품을 만들 수 있는 기회를 제공하는 역할을 한다. 얼굴 있는 도시농부와 농촌농부의 생산물을 활용한 레시피를 가지고 있는 소셜벤처, 협동조합 등 사회경제조직이 먹거리창업센터를 통해 신뢰프로세스에 기반한 제품과 새로운 영역(반려견 인구 1천만 시대에 맞춘 반려견용 핸드메이드 식품 등)을 발

1. 커피찌꺼기 문제 – 커피퇴비발전소 설치 – 에너지 적립

- 서울시도시농업지원조례 제20조 도시농업공동체 지원사업, 자원순환사회 전환에 근거
- '우리동네퇴비발전소'를 설치하여 퇴비공동체(협동조합) 활성화
- 서울 자치구마다 1개소 설치 → 50명 일자리 창출

2. 소비자 문제 – 핸드메이드 교류 활성화 – 먹거리 정의

- '서울먹거리창업센터'를 통한 핸드메이드 제품화 지원
- 도시농부, 도시소비자가 농작물을 활용하여 직접 만든 핸드메이드 제품을 교류할 수 있는 도시농부장터 활성화 → 도시농부장터 운영인력 200명(2016년 기준) 이상 창출
- 도시소비자가 생산자가 돼보는 경험 확대

- AI 문제 해결하는 도시양계 시도
- 반려견용 핸드메이드 식품 확장
- 메이커와 DIY에 GIY 생활문화 융합

굴하여 사회적경제로 발전할 수 있도록 인큐베이팅을 담당한다면 센터의 실효성은 더 커질 것이다.

셋째, 서울시 1인 가구 비율이 27%를 상회하고, '서울특별시 사회적 가족도시 구현을 위한 1인 가구 지원 기본조례안'이 통과되었다. 향후 1인 가구를 위한 소셜 다이닝Social Dining이 활발해지고 독거 어르신이 늘어나면서 고독사 대비와 심리지원을 위한 반려식물 보급도 늘어날 것이다. 독거문제를 해결하기 위하여 심리지원센터, 50+센터와 연계하여 공동체텃밭을 보급·관리하고, 공동체 회복을 위한 텃밭 다이닝을 운영한다면 그와 관련된 일자리가 창출될 것이다. 50+센터와 연계하여 만들 수 있는 사회공헌일자리 창출과 비슷한 사례로 2012년 강동구 어르신 35명으로 구성된 '농사직설' 사업이 있다. 어르신들이 하나의 공동체를 이뤄 텃밭을 가꾸면서 건강도

챙기고 사회활동을 할 수 있는 공간을 만들어 나간다. 공동 경작을 통해 수익을 창출하고 소득은 나눠 가지는 방식이었다.

독거문제를 해결하기 위한 심리지원 공동체 텃밭 보급은 빈 공간 활용 방안과도 연결될 수 있다. 실내에서 가능한 공동체 텃밭으로는 어린이와 노인들에게 좋은 '어린잎 재배 텃밭'이 대표적인 예가 될 수 있으며, 늘어나는 빈 공간의 지하에서 콩나물을 기를 수 있는 '콩나물시루텃밭'도 있다. 콩나물시루 텃밭 근처에 콩을 주제로 '콩나물 식당'이나 '콩나물까페'을 개설한다면 일자리를 더 늘려나갈 수 있다. 콩의 원산지, 콩을 나물로 길러 먹는 우리나라, 토종콩 등 다양한 스토리로 주제를 살릴 수 있다.

넷째, 서울에는 초등학교가 560개, 중학교가 386개 있다. 공교육의 부실로 탈학교 학생이 증가되고, 학교폭력문제도 심각해지고 있다. 이를 해결하기 위해 학교에 텃밭을 조성하고 인성과 창의성을 기르는 학교텃밭 교육을 진행한다면 일자리 창출은 물론, 미래 인재 양성에 기여하는 효과도 클 것이다. 서울 농업기술센터에 의해 200곳이 넘는 학교텃밭이 조성되었으나, 관리와 교육의 질이 부실하다. 텃밭교육의 효과를 충분하게 전달할 수 있는 교육프로그램 횟수가 적고, 텃밭의 교육적 활용과 효과에 대한 홍보 채널도 빈약한 형편이다.

기존에 보급되었거나 새롭게 보급할 텃밭에 초등학교는 '창의인성텃밭', 중학교는 '자유학기텃밭'이란 명칭을 부여하고, 그에 맞는 교육프로그램을 구성하여 상시적으로 텃밭강사를 배치한다면, 텃밭의 교육적 효과가 더욱 커질 것이며, 텃밭강사에게는 안정적인 일자리가 될 것이다. 서울교육청과 지역별 교육청, 일선 학교에 학교텃밭의 교육적 효과를 홍보하고 해외 텃밭교육의 사례와 효과를 학부모들에게 알리는 세미나 등을 개최하는 활동들이 수반된다면 서울시 텃밭강사는 최소 946명까지 늘어날 것이다.

서울시에서 2016년 가락시장에 조성한 860㎡ 규모의 '자원순환형 가락몰 옥상텃밭'에는 '텃밭에서 식탁까지 도시농업의 순환사슬을 체감'할 수 있는 텃논, 허브텃밭, 작은텃밭도서관, 머루작물터널과 퇴비장, 장독대, 닭장 등이 마련돼 도심에서 쉽게 접할 수 없는 친환경 체험·교육을 할 수 있다. 가락몰 옥상텃밭을 활용하면, 가락시장의 자원(먹거리창업센터, 도서관, 쿠킹클래스 등)과 연계하여 도시농업과 농식품 분야 일자리 창출의 가능성을 제시하는 한편, 청소년들에게 진로탐색의 기회를 제공하는 '꿈생산 텃밭강사' 일자리도 창출될 수 있다.

도시농업을 통한 해결 2

3. 독거 문제 – 심리지원 및 공동체텃밭 보급 – 주거 안정
- 1인 가족, 독거 문제 해결을 위한 공동체텃밭 보급
- 공동체 회복을 위한 텃밭 다이닝 운영자 일자리 창출
- 심리지원센터, 50+센터와 연계

4. 학교 문제 – 인성교육 및 진로탐색 텃밭교육 – 인재 양성
- 행복한 학교, 자유학기제 연계
- 인성과 농생명 진로탐색을 위한 자유학기텃밭 설치
- 초등학교(560개), 중학교(386개) 설치 시 텃밭강사 946명 필요

- 빈 공간 실내농업, 옥상 햇빛발전텃밭으로 확산
- 서울도시농업마이스터고등학교 설립으로 인재 양성

한편 민생경제와 도시문제를 해결하는 기능을 가진 도시농업을 활성화시켜 지속적으로 일자리를 창출하고, 그 일자리의 질을 높이기 위해서는 생태계 조성과 지원이 시급하다. 지역별 도시농업지원센터, 민간단체, 협동조합, 사회적기업 등 도시농업 관련 조직들은 대부분 서울시 공모사업, 자치구

위탁사업을 수행하며 조직을 운영하고 있다. 하지만 사업 아이디어와 역량을 갖추고 있어도 어느 기관 누구를 찾아가야 하는지 몰라 사업화 되지 못한 경우도 있다. 농촌과 상생하는 도시농업, 개방형 혁신을 통한 융합프로젝트 IOT화분관리기 보급, 반려식물과 반려견의 수제 간식 판매 등 다양한 도시농업 분야가 사회적경제로 발전하여 일자리를 창출할 수 있는 가능성도 많으나, 중간에서 꿰어주는 기관이 없어 도시농업 조직들이 고군분투하고 있는 형편이다.

'구슬이 서 말이라도 꿰어야 보배'라는 속담처럼, 도시농업중간지원기구(가칭: 도시농업활성화센터)가 2018년부터 운영되어야 한다. 도시농업활성화센터가 운영된다면, 서울시 산하 공공기관 및 지원센터와 협력하여 자원연계, 아이디어 발굴과 육성, 적극적 홍보 등을 모색할 수 있으며, 이를 통해 도시농업 사회경제조직을 활성화 하고 민생경제와 도시문제를 해결하는 과정에서 창출되는 일자리를 안정화시킬 수 있게 된다.

2016년 7월 19일 개소한 '서울시 자영업지원센터'에서는 개별사업자 중심에서 공동체 지원으로 지원방법을 다각화하여 3개 이상의 자영업자로 구성된 소상공인 협업체(협동조합, 법인, 단체 등)가 시설, 마케팅, 사업계획을 마련하면 공동시설(설비, 판매장) 확보, 공동브랜드 개발, 점포주변 환경정비 등의 사업에 최대한 1억원의 사업비(자분담 10%)를 지원한다고 한다. 연결하고 꿰어주는 기능을 하는 도시농업활성화센터에서 이러한 정보를 제공하고 코칭해줄 수 있다.

이외에도 도시농업활성화센터는 도시농업의 중간지원기구로서 다양한 역할을 할 수 있다. 도시농업과 연결할 수 있는 사회적경제지원센터와 마을공동체지원센터의 각종 지원 내용을 발굴하여 청년층 사회혁신 일자리를 만들고, 도시농업지원센터와 먹거리창업센터를 통해 경력이 단절된 여성들의 일자리 창출을 도모하는 한편, 심리지원센터와 50+센터와 협력하여 중장년 사회공헌 일자리를 만들고 지속화 할 수 있다. 또한 도시농업 분야 사회혁신가를 발굴하고 지원하여 도시농업이 더욱 활성화되는 데 기여할 수도 있을 것이다.

새로운 일자리를 만들기 위해서는 뛰어난 사회적기업가를 발굴하고 지원해야 한다. 뛰어난 사회적기업가란 미국 아쇼카Ashoka 재단 설립자 빌 드레이턴이 말한, 물고기를 잡아주거나 물고기 잡는 법을 가르치는 사람을 넘어선다. 바로 수산업 전반의 혁신을 이끌어내는 사람이다. 저성장·고물가, 4

차 혁명이 불어오는 시대에 농업 분야에서 혁신적인 아이디어를 가진 사회적기업가를 발굴하고, 아이디어를 구현할 수 있는 지원체계와 구현된 사업이 지속가능하도록 제도와 법률이 뒷받침되어야 한다.

도시농업활성화센터는 서울 도시농업의 대표적인 이미지인 '상자텃밭' 예산을 절약하고 효율적으로 관리할 수 있다. 서울시의 상자텃밭 보급 사업은 관리보다는 보급에 치우쳐 있다. 상자텃밭은 대부분 플라스틱으로 제작되어 깨지거나 태양열에 손상되는 경우가 있어 버려지기도 하고, 지력소모로 더 이상 상자텃밭을 가꾸지 않아 방치되기도 한다. 이러한 문제점을 보완하고 일자리로 연결할 수 있는 방안도 도시농업활성화센터를 통해 모색할 수 있다. 서울디자인재단과 협력하여 서울을 상징하는 색감, 견고한 재질과 효율적 관리를 위한 바코드를 입힌 텃밭상자를 디자인할 수도 있고, 사회경제조직에서 디자인한 상자텃밭을 생산하여 보급하며 관리를 할 수 있도록 도시농업활성화센터에서 코칭을 하는 것이다.

공장식 축산으로 인한 불안한 먹거리체계를 도시양계를 통해 바꿀 수 있으며 치유농업 일자리도 만들 수 있다. 국립축산과학원에서는 도시형 치유농업 모델을 개발하고 이의 적용을 위해 2016년 6월에 서울 태랑초등학교에서 '도시꼬꼬 학교꼬꼬' 사업을 펼쳤다. 마포도시농업네트워크는 상암텃밭에서 암탉 10마리 수탉 1마리를 기르면서 도시양계의 가능성을 실험하기도 했다. 도시양계는 도시 치유농업 일자리 창출과 더불어 농가의 수익도 올려주는 도농상생 모델이기도 하다.

지키고 가꿔야 할 토종작물

반달콩

백도라지

자원순환, 커피퇴비와 도시농업

자연순환은 작은 순환의 결합으로, 둥글게 빙글빙글 돌면서 앞으로 나아가는 과정이며 무엇인가를 주면 그보다 몇 배를 되돌려주는 선순환의 관계이다. 중요한 것은 보이지 않는, 엄밀히 말해 우리가 알지 못하는 순환이 더 많다는 사실이다. 비록 인류가 자연순환에 관한 지식은 적었을지 모르나, 오래도록 순환에 순응하고 감사하면서 인간과 순환의 관계에 대해 느낌으로라도 알고 있었으며, 그에 대처하는 자세 또한 지혜로웠다.

우리나라 도시 대부분은 자연순환 기능이 저하된 척박한 환경에 처해 있다. 자연 순환의 핵심인, 미생물에 의한 자원순환시스템에 문제가 생긴 것이다. 자연은 스스로 만든 것만 처리한다. 인간이 만들어낸 화학물질은 자연이 안전하게 처리할 수 없으며, 자연이 처리해주지 못하는 폐기물은 육상생태계와 해양생태계 교란은 물론이고, 우리의 건강까지 위협하고 있다. 내 손을 떠나면 나와 상관없다는 환경의식의 결여와 생활 부산물을 자연으로 돌리는 자연순환 생태농업을 멀리한 자업자득의 결과이다.

다행히 자원순환사회로 나아가기 위해 제정된 「자원순환기본법」이 2018년 1월 1일부터 시행되었다. 「자원순환기본법」의 목적은 자원과 에너지를 낭비하는 매립이나 소각 대신 아이디어와 기술을 접목해 자원의 재사용과 재활용을 극대화하여 지속가능한 '자원순환사회'를 만드는 것이다. 주목할 내용은 경제성과 환경성을 갖춘 쓰레기를 폐기물에서 제외해 시장에서 재화로 거래할 수 있도록 하는 '순환자원 인정제'의 도입이다. 현재 폐기물로 분류돼 생활폐기물과 함께 매립되고 있는 커피찌꺼기가 2018년부터는 폐기물에 적용되는 각종 규제를 받지 않고 사회경제적인 부가가치를 창출하게 될 것이다.

도시농업과 연계한 커피찌꺼기 퇴비화는 2012년에 필자가 운영하는 사회적기업과 미생물비료생산 공장이 협업하여 '퇴비제조용 미생물'을 개발하면서 본격화 되었다. 퇴비제조용 미생물은 누구나 손쉽게 커피찌꺼기로 퇴비를 만들 수 있도록 도와주며, 자원순환의 촉매제 역할을 톡톡히 하고 있다. 도시농업의 핵심 가치 중에 하나가 도시 유기물을 퇴비화 하여 땅으로 되돌려주는 자원순환 기능이다. 이러한 기능은 단절되거나 왜곡된 도시의 순환을 회복시키고 도시를 지속가능하게 해준다.

커피찌꺼기 순환은 도시 내 퇴비공동체의 확산과 더불어 농촌과 도시 간의 생산-소비의 일방향이 아닌, 도시와 농촌이 모두 생산자이면서 소비자로서 만나는 양방향 도농순환 공동체의 기틀이 될 수 있다. 현재는 커피전문 매장을 운영하는 대기업 일부가 사회공헌 차원에서 커피퇴비를 만들어 농가에 지원하고 있다. 대기업에 의한 커피퇴비 보급은 「자원순환기본법」 발효로 어느 정도 유지될 수는 있겠으나 생활 속 자원순환으로 촘촘하게 퍼질 수는 없다. 생활 속 자원순환으로 확장성을 가지려면 도시의 텃밭 가꾸기와 연계되고 시민들이 참여하는 자원순환공동체가 주축이 되어야 한다.

커피는 원두의 0.2%만 사용되고 나머지 99.8%는 커피찌꺼기로 버려진다. 서울시의 경우 하루 140톤이 쏟아져 나오고, 매립지로 이동되어 다량의 메탄가스를 발생시키고 있다. 하지만 커피찌꺼기를 잘 활용한다면 환경문제도 해결하고 일거리도 만들 수 있다. 이와 관련해 2015년부터 꾸준하게 마을 단위의 퇴비공동체가 형성되고 있다. 2015년에는 서울시 양천구 양천아파트 주민들이 모여 생채소쓰레기를 퇴비로 만들어 텃밭을 가꾸는 '우리 동네 퇴비발전소'가 구성된 바 있고, 2016년에는 서울시 서초구 잠원동, 방배동 등 4개 동 환경실천단원이 중심이 된 커피퇴비공동체가 형성되었다.

2017년에는 서초여성가족플라자의 '커피드림' 프로젝트 팀이 발족·운영되고 있으며, 서울시 도봉구의 '협동조합 숲속애愛'는 조합원들이 커피퇴비공동체를 조직하여 마을축제, 프리마켓에서 나눔 활동을 펼치고 있다.

위 사례와 같은 작은 단위의 움직임들을 사회적인 선순환 시스템으로 발전시켜야 한다. 구조화 된 동네 커피퇴비공동체가 활성화되면, 다양한 이점을 기대할 수 있다. 텃밭 가꾸기가 활성화 돼 텃밭 방치 사례를 막을 수 있다. 또한 정책적으로 보급된 도시텃밭상자의 재사용과 순환을 촉진시킬 수 있으며, 각 가정의 베란다에 한두 개쯤은 방치되어 있을 법한 화분의 흙을 재생하여 식물을 가꿀 수 있는 기회도 제공하게 된다. 커피퇴비 순환이라는 하나의 순환이 화분 재사용이라는 또 다른 순환을 낳게 되는 것이다.

사회적인 선순환 시스템의 토대는 마을과 주민이다. 마을 단위의 퇴비공동체가 커피퇴비를 안정적으로 제조할 수 있게 뒷받침하는 방안은 '제조지원'과 '우선구매'이다. '제조지원'은 커피매장 운영 기업이 환경부담금으로, '우선구매'는 자치구가 공공재로 구입해주는 것이다. 구매한 커피퇴비는 상자텃밭 보급, 공공텃밭, 분갈이 서비스 등에 이용할 수 있다.

커피찌꺼기가 퇴비로

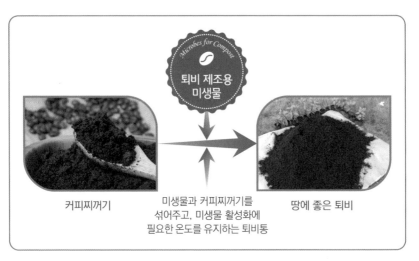

퇴비 제조용
미생물

커피찌꺼기   미생물과 커피찌꺼기를
섞어주고, 미생물 활성화에
필요한 온도를 유지하는 퇴비통   땅에 좋은 퇴비

커피찌꺼기로 만든 커피퇴비는 효과가 좋아요

생채소·커피찌꺼기 발효 퇴비로 상추, 래디시, 딸기의 생육실험을 한 결과

❶ 상추   철분(Fe)과 칼륨(K)의 함량이 다른 대조군보다 매우 높게 나왔습니다.

❷ 래디시   아미노산의 함량이 다른 대조군에 비해 생채소·커피찌꺼기 발효 퇴비를 혼합한
것에서 항목에 따라 1.5~3배 이상 높게 나왔어요.

❸ 딸기   생채소·커피찌꺼기 발효 퇴비를 사용한 곳의 열매가 8.5브릭스로 당도가 가장 높았
습니다.

❹ 양분 분석   생채소·커피찌꺼기 발효 퇴비를 사용한 곳의 작물이 다른 대조군보다 월등히
영양소 함량이 높았습니다.

발효 퇴비   일반 퇴비   무처리

커피찌꺼기가 순환되면

커피찌꺼기가 순환되면
매립으로 인한 메탄가스 걱정이 사라집니다.

커피찌꺼기와 미생물이 만나면
향기를 뿜어내어 우리들의 기대감이 커집니다.

커피찌꺼기가 퇴비통에서 발효되면
우리들의 화분과 텃밭에 영양분이 가득해집니다.

커피퇴비로 채소와 허브가 잘 자라면
우리들 마음에도 파릇하게 생기가 돕니다.

커피퇴비로 텃밭정원이 늘어나면
우리들의 식탁에 웃음꽃이 활짝 피어납니다.

커피찌꺼기

커피찌꺼기는 매립되어 메탄가스를 배출합니다

우리나라는 2013년 기준으로 가공하지 않은 커피콩 12만 톤 정도를 수입하는데, 원두에서 커피를 내리면(0.2%), 나머지 99.8%는 찌꺼기 형태로 남습니다. 이 찌꺼기 대부분을 쓰레기로 태워버리거나 땅에 묻는데, 그대로 묻으면 지구온난화에 영향을 미치는 메탄가스가 다량 발생합니다. 커피찌꺼기를 생활에 잘 활용하면 건강한 환경 만들기에 기여할 수 있어요.

커피찌꺼기는 질소와 인이 풍부해서 텃밭을 일구거나 화분에 식물을 키울 때 퇴비로 쓸 수 있어요. 질소 성분이 2% 정도이며, 탄소와 질소 비율은 약 20:1로 동물 거름 비율과 비슷하답니다. 산성이 빠져나간 상태여서 중성에 가깝고요.

하지만 카페인이 분해되지 않은 상태로 흙에 넣으면 흙 속의 다른 성분과 결합해서 식물이 필요한 영양분을 흡수하지 못하게 하여 말라 죽게 하니 이 점은 유의해야 합니다.

그 밖에 커피찌꺼기는 로스팅 과정을 거치면서 탄화된 것이기 때문에 잘 말리면 옷장 습기 제거, 실내 공기정화, 신발장이나 주방, 냉장고 냄새를 없애줍니다.

벌레가 생기기 쉬운 곳에 뿌려두면 해충을 어느 정도 막아주고요. 묵은 때나 기름기를 제거, 가구 흠집을 제거하고 광을 낼 때도 쓸 수 있답니다. 녹슨 칼이나 바늘에 문질러주거나 함께 두면 녹을 방지할 수 있어요. 천연염색을 할 때 쓰기도 하지요.

(출처 : 《프레시안》 2015.04.17.)

커피찌꺼기는 중금속 제거 효과가 있어요

커피찌꺼기는 중금속을 제거하는 데 탁월한 효과가 있습니다. 중금속은 생태계를 파괴할 뿐만 아니라 인체에 흡수되면 축적되어 치명적인 각종 질병을 일으키지요.

서울대 보건대학원 정문식(환경보건학) 교수팀은 최근 「커피찌꺼기를 이용한 폐수 중 납·크롬·카드뮴 제거에 관한 연구」를 통해 커피찌꺼기가 가진 중금속 제거 효과를 규명했습니다.

연구 결과, 커피찌꺼기가 중금속 제거에 아주 효과가 좋은 것으로 나타났는데, 그 이유는 커피 찌꺼기의 특수한 섬유구조표면에 중금속이 잘 흡착되기 때문이라고 합니다.

• 연구내용 및 결과

커피찌꺼기를 증류수로 처리해 남아있는 커피 성분과 불순물을 제거, 건조시켰다고 합니다.

그 다음 납·크롬·카드뮴 등이 혼합된 각각 0.5, 1, 5, 10ppm의 용액에 이 찌꺼기를 0.3g씩 넣어 용액의 산도(酸度·pH)·온도별 제거 능력을 측정, 이를 같은 조건에서의 활성탄에 의한 중금속 제거율과 비교했습니다.

그 결과 농도·온도·산도 등 최적조건에 따른 커피찌꺼기의 중금속 최고 제거율은

▲납 84~100% ▲크롬 84~90% ▲카드뮴 43~90%에 이르렀다고 합니다.

이 과정 중 납은 저농도(0.5ppm) 폐수에서 활성탄의 2배, 크롬은 고농도 폐수에서 최고 2.5배의 제거율을 보인 것으로 조사됐고요.

특히 시간에 따른 커피찌꺼기의 중금속 제거율은 30분 이내로 매우 신속한 결과를 얻었답니다.

지키고 가꿔야 할 토종작물

복분자

뿔가지

4차 산업혁명 시대, 도시농업이 나아갈 길

4차 산업혁명 시대가 도래하면서 '메이커Maker'의 위상이 달라지고 있다. 따라서 메이커 운동과 문화를 살펴보면 도시농업의 나아갈 길이 보인다. 4차 산업혁명은 새로운 아이디어와 정보력을 갖춘 개개인의 시장 진입 장벽을 현격하게 낮추고 있다. 누구나 아이디어를 가지고 스스로 새로운 제품을 만들어 내는 시대가 열린 것이다. 바야흐로 혁신적인 역량과 도전적인 정신을 가진, 1인 제작자로 불리는 메이커가 핵심주체로 떠오르고 있는 상황이다. 메이커는 생활에 필요한 새로운 제품이나 서비스를 스스로 만드는 1인 개발자이자 창작자이다. 메이커는 제조업체에서 공급된 매뉴얼과 재료로 뭔가를 만드는 DIYDo it yourself·손수 제작 소비자와는 전혀 다르다.

DIY 문화가 한층 확대된 메이커 문화가 젊은 층을 중심으로 급속하게 확산되고 있다. 자신의 아이디어에 정보통신기술(ICT)을 접목하여 손수 제작한 결과물의 창조과정을 가감 없이 보여주기도 한다. 이들 가운데는 작업 과정 및 결과를 공개하고 공유하는 한편, 메이커 운동에도 적극 참여하는 사람들도 있다. 메이커 운동은 스스로 제품이나 서비스를 만들고 개발하면서 상상력과 창의력을 발휘하는 창작 운동이다. 예술가, 집안에서 수공예 제품을 만드는 사람, 제빵기술자, 농부 등 자기만의 개성과 감성을 기반으로 상상을 현실로 구현하며 4차 산업혁명의 도래를 즐기는 이들이 늘고 있는 것이다.

네트워크를 통해 프로세스와 노하우를 확산시켜 나가는 메이커 문화는 혼자가 아니라 나의 방법을 다른 사람과 공유하고 협업하는 커뮤니티가 그 핵심이다. 아두이노Arduino·이태리어로 친한 친구를 뜻함가 메이커 문화 확산에 큰 기여를 하고 있다. 아두이노는 전문적인 지식이 없어도 누구나 쉽게 배우고 활용할 수 있는 오픈소스 하드웨어 플랫폼이다. 메이커 문화 확산의 견인차 역할을 하고 있는 또 하나의 도구는 3D프린터이다. 음식 분야에서도 팬케이크를 출력해주는 프린터가 개발되었다. 3D프린터에 사용되는 플라스틱 소재 대신 밀가루 반죽을, 3D프린터의 밑판 대신 철판을 이용해 복잡한 도안의 팬케이크도 3~4분이면 만들어 내는 시대가 열리고 있다.

메이커 문화는 생산자와 소비자가 일체였던 과거를 거쳐, 생산자와 소비자가 나뉘었던 시대를 지나 소비자가 생산자가 되는 현재와 미래의 문화다. 도시농업 또한 늘 소비자였던 우리에게 생산자가 되어볼 수 있는 기회를 주고, 생산자를 이해하고 공감할 수 있는 길로 우리를 안내하고 있다. 도시농업을 실천하고 있는 도시농부들은 커뮤니티를 형성하고, 작물재배법은 물론이며 태양열 접목, 빗물 순환, 유기물 퇴비화 등의 적정기술까지 공유하며 메이커인 듯 메이커 아닌 메이커로서 활동하고 있다. 도시농업은 메이커 문화를 풍부하게 할 것이다. 도시농업은 메이커의 필수적인 공감능력뿐만 아니라 생태감수성을 일깨우고 강력한 커뮤니티 기능을 가지고 있기 때문이다.

도시농업에 있어 메이커는 도시농부다. 도시농부는 도시의 다양한 생활공간을 활용하여 농작물을 재배하는 활동을 하며, 농촌농업의 개념을 확장시키고 농촌농부들과의 공감, 자연과의 공존의식 형성에 기여하고 있다. 도시농부가 실천하고 있는 재배하기, 공유하기, 나누기, 배우기는 메이커 운동에서 강조하는 공유하기, 주기, 배우기 3가지와 일맥상통한다. 전기와 화학에너지를 사용하지 않는 삶을 지향하는 '비전화공방'에 매력을 느끼고 참여하는 메이커와 도시농부들이 늘어나고 있다. 이들은 공방 옆 텃밭에서 다양한 작물을 재배하면서 수동 정미기, 핸드 커피 로스터기, 태양열조리기, 벽돌오븐 등을 손수 제작하는 법을 나누고, 공유하며 도래할 시대의 새로운 생활문화를 꿈꾸고 있다.

지속적인 인류의 생존과 발전을 위해서는 인간을 중심으로, 자연과 공존할 수 있는 따뜻한 기술혁명이 필요하다. 인공지능(AI), 사물인터넷으로 대변되는 4차 산업 혁명 시대는 빠르고 편리함, 상상이 현실이 되는 놀라움과 기대감을 앉고 있다. 그러나 인간의 노동력을 대체하는 기술을 가진 잉여자본의 편중 심화, 부富와 수명의 양극화, 인간 소외, 존엄성 훼손이라는 단점이 존재하며 그로 인한 사회문제가 심각해질 수 있다.

도시문제를 해결하고 삶의 질을 높이기 위하여 도시에 농업이 도입되었듯이 4차 산업 혁명 시대에 도시농업이 나아갈 길은 사회 문제를 예방하고 인간 행복을 증진하는 것이어야 한다. 도시농업에 네트워크 기술을 접목하여 인간 소외 문제를 해결하고 인간 존엄성 실현을 위한 공동체를 활성화해야 한다. 그리고 농업이 품은 흙, 문화를 기반으로 도시농업을 실천하는 과정과 결과를 공유하는 기술을 통해 공감과 공존 능력을 기르는 국민감성농업으로 자리매김해야 한다. 또한 4차 산업 혁명시대의 핵심인 '연결과 공유' 기술을 적극 활용하여 도시의 자원순환 촉진, 우리씨앗의 보전과 보존, DIY와 결합한 GIY~Grow it yourself·손수 재배~ 생활화 등 도시농업의 중요한 가치들을 지속적으로 확산해야 한다.

뿔시금치

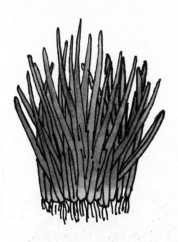

솔부추

급증하는 1인 가구 시대의 도시농업

회색으로 대변되었던 도시, 이제는 1인 가구의 대명사가 되고 있다. 정서가 메마르기 쉽다. 다행히 점점 퍼져가는 회색빛 빌딩 사이로 도시의 푸르름을 유지하기 위하여 도시녹화가 꾸준하게 진행되고 있고 생활 속 녹화로서 도시농업이 확산되고 있다. 환경, 먹거리, 교육, 정서문제 해결을 위한 방안으로 도입되었던 도시농업이 급증하는 1인 가구 시대를 맞이하여 더욱 필요한 존재로 부각되고 있다.

1인 가구의 증가는 산업화와 도시화 과정이 급속하게 진행되면서 나타나는 사회적 변화와 깊은 연관이 있다. 산업화와 도시화는 여럿보다는 혼자 살 수밖에 없는 가구 형태를 만들었고, 경기침체, 청년실업 등으로 20~30대 1인 가구가 급속하게 늘었다. 통계청이 발표한 '2016 인구주택총조사' 결과에 의하면 전체 가구 수 가운데 1인 가구가 가장 큰 비중을 차지해 27.9%에 달한 상황이다. 특히 대전과 서울의 1인 가구 비율은 각 30.4%와 30.1%를 보여 이미 30%를 넘어섰다.

1인 가구가 크게 늘면서 혼밥(혼자 밥 먹기), 혼놀(혼자 놀기), 혼여(혼자 여행), 혼영(혼자 영화 감상) 등의 신조어가 보편화되었다. 2015년 6월 취업포털 기관에서 직장인을 대상으로 점심메뉴를 조사한 결과 가정식백반 즉, 집밥이 가장 선호하는 메뉴로 나타났다고 한다. 혼밥을 즐기면서도 집밥을 가장 선호하는 양가성을 지니고 있음을 알 수 있다. 강력한 소비주체로 부상하고 있는 1인 가구는 '솔로이코노미(1인 가구를 대상으로 하는 소비시장)'라는 새로운 시장을 만들고, 경제는 물론 정치, 사회, 문화 등 전반적인 흐름을 주도하고 있다.

화려한 싱글, 나 홀로 생활의 증가와 더불어 나타나는 외로움과 고독은 1인 가구의 어두운 단면이자 사회적인 문제이기도 하다. 올해 경기연구원이 발표한 '경기도민 삶의 질 조사 Ⅴ : 웰빙' 보고서에 따르면 1인 가구의 삶의 질은 다인 가구에 비해 낮고, 건강인식 역시 4인 이상 가구 대비 11% 이상의 격차가 있었다. 1인 가구 중 인간적 교류가 없는 경우 '삶에 만족한다'고 생각하는 비율이 최하위이지만, 반려동물이 있는 경우(45.5%) 삶의 만족도는 증가하는 것으로 나타났다. 물론 외로운 삶에 위로를 얻기 위해 기르는 반려동물의 증가 현상이 꼭 긍정적인 것만은 아니다. 그 이면에는 소음과 냄새, 공포로 인한 이웃주민 간의 갈등, 반려동물을 함부로 유기하는 데서 오는 폐해 등이 상존하기 때문이다. 이런 상황과 함께, 60대 이상 우울증 환자의 증가, 고독사, 자살 등 1인 가구 증가에 따른 부작용은 사회적으로 큰 관심을 가져야 할 문제가 되었다.

이러한 문제를 해소하기 위해 서울시에서는 마음을 위로하는 '속마음버스'와 지친 일상에 위로의 처방을 내려주는 '마음약방' 무인자판기를 운영하고 있다. 홀로 남겨진 사람이 늘어갈수록 사회적 치유서비스에 대한 수요는 커질 것이다. 도시농업도 사회문제를 해결하고 시대적 흐름에 맞게 1인 가족을 대상으로 한 새로운 도시농업 문화와 서비스를 개발하고 확충해야 한다. 그러나 국가가 전적으로 책임지는 사회서비스가 되어서는 곤란하다. 스웨덴처럼 국가가 개인을 보살피는 사회안전망이 견고해지자 서로가 서로를 돌보지 않게 되는 현상이 나타날 수 있기 때문이다.

1인 가구를 위한 도시농업 사회서비스의 한 사례로는 '반려식물상자'를 생각해 볼 수 있다. 사회적 배려계층인 1인 가구에 적합한 식물과 상자로 구성하여 정서적 안정과 힐링을 도모하는 식물상자를 보급하는 것이다. 그러나 보급차원에서만 머물지 않고 재배과정에서 나타는 문제와 대처방안에 대하여 주기적으로 정보를 제공하는 한편, 재배노하우 교류 및 키우던 식물 나눔이 이루어질 수 있는 만남의 장을 마련해야 한다.

돈을 주고 산 상추가 남으면 나누려고 하지 않지만, 직접 기른 상추를 수확하면 나누려고 한다. 그런데 나누고 싶어도 나눌 수 있는 제도와 시스템이 마련되어 있지 않다. 대안은 도시농부 장터, 벼룩시장, 마을축제 등과 연계하거나 서울시 송파구 잠실본동 주민센터 입구에 설치된 '공유냉장고'처럼 특별한 냉장고를 활용해 볼 수 있다. 도시텃밭에서 일시적으로 넘쳐나는, 자랑스러움과 고마움이 담긴 신선한 채소를 공유냉장고와 연계하면 공유텃밭이라는 새로운 텃밭 유형과 함께, 또 다른 시너지효과가 나타날 수 있을 것이다. 도시농업은 나눔으로 자랑스러움과 고마움이 커지는, 긍정적인 사회 분위기를 조성하는 역할을 할 수 있을 뿐더러, 불황으로 위축된 나눔문화의 불씨를 되살리고, 서로가 서로를 돌볼 수 있는 사회시스템으로 작동할 수 있다.

1인 가구의 영향으로 공유경제가 살아나는 것에 주목하여 '옥상을 밥상으로 공유'하는 1인 가구 밥상공동체를 지원하는 사회서비스도 시도해볼 만하다. 옥상밥상공동체 조성과 지원 사업은 옥상녹화는 물론이고, 서로의 안부를 물으며 1인 가구의 건강도 챙기면서 위안을 얻는, 즉 사회적으로 '몸과 마음을 기댈 언덕'을 만들어 주는 일이 될 수도 있다.

1인 가구의 사회적인 문제 해결은, 공동체에 속한 개인과 개인이 작물을 돌보는 과정에서 만나 서로를 보살피게 되는 도시농업공동체를 지원하는 제도에서 그 혜답慧答을 찾을 수 있지 않을까 기대해 본다. 또한 전 연령층으로 확산되고 있는 1인 가구를 위해 '생애주기별 먹거리 특별구역'을 만들고 육성해, 공정하고 공평하고 공유할 수 있는 안전한 먹거리 문화가 형성되길 바란다.

1인 가구를 위한 투명컵화분, 래디시(20일 무) 재배하기

래디시는 20일이면 성장하기 때문에 '이십일 무'라고도 합니다.
봄과 가을, 20℃ 전후의 시원한 기후를 좋아합니다.
노화와 암을 예방해주며 고기와 함께 먹으면 구울 때 발생하는 발암물질을 없애
주고 숙취해소 효과도 있습니다.

래디시 재배하는 방법

❶ 물주기 겉흙이 마르면 물을 충분하게 줍
니다.

❷ 햇빛의 양 씨앗을 심고 그늘진 곳에 두
었다가 싹이 트면 양지바른 곳으로 옮깁
니다. 하루 2~6시간 정도 햇빛이 드는
장소가 적당합니다.

❸ 솎기와 수확 싹이 나고 1주일 후에 약해
보이는 새싹을 뽑아 솎기를 합니다. 또
1주일이 지나면 2차 솎기를 하고, 약
30일 후에 수확을 합니다.

래디시

❹ 활용 샐러드로 만들어 먹거나, 야외텃밭, 스티로폼 상자텃밭에서 재배하여
양이 많을 경우 피클을 담가 활용하면 식탁이 상큼해질 수 있습니다.

래디시피클 만들기

❶ 래디시, 양파, 양배추, 청양고추 등을 먹
기 좋게 썰어 유리병에 담습니다.

❷ 물 3컵, 유기농 설탕 1.5컵, 식초 2컵,
소금 1큰술, 피클링스파이스 1/2큰술
로 만든 피클용 소스를 2분간 끓여 뜨거
울 때 병에 부어줍니다.

❸ 병이 식으면 냉장고에 넣고 3~5일 후 꺼
내어 맛있게 먹습니다.

래디시피클

투명컵화분 만들어 래디시 심기

❶ 투명컵 위와 아래의 테두리에 인주를 묻힌 후 하얀 종이 위에 굴립니다.

❷ 종이 위에 나타난 테두리선을 따라 오려 냅니다.

(투명컵에 묻은 인주는 깨끗이 닦아 주세요.)

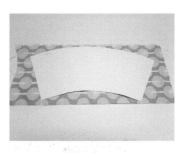

❸ 오려 낸 컵 전개도를 투명컵 표면에 둘러 전개도 모양을 바로 잡습니다.

❹ 헝겊 뒷면에 컵 전개도를 대고 볼펜으로 테두리를 따라 그립니다.

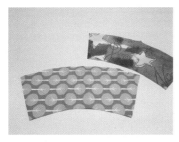

❺ 가위로 전개도 테두리를 따라 오려 냅니다.

❻ 2개의 투명컵 밑 부분에 송곳으로 4~6개의 구멍을 뚫습니다.

❼ 투명컵 표면에 헝겊을 두르고 딱풀로 고정을 한 후 다른 투명컵을 끼웁니다.

❽ 래디시씨앗을 준비하고 투명컵화분에 흙을 채웁니다.

❾ 씨앗의 2~3배 깊이로 흙을 파고 씨앗을 심은 후 흙을 덮어 줍니다.

❿ 분무기를 사용하여 흙이 충분히 젖도록 물을 줍니다.

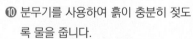

1인 가구를 위한 공중화분, 눈높이 식물 풍란 키우기

풍란

여름철에는 습도가 높아집니다. 뜨거워진 공기는 위로 올라가므로 실내에서도 상층부 습도가 조금이라도 더 높게 됩니다. 에어컨 사용에 따른 환기부족으로 공기의 질도 나빠지기 쉽죠. 그렇다면, 공중의 습도를 이용하고 공기의 질을 개선할 수 있는 공중화분을 만들어 보는 건 어떨까요?

높은 공중습도를 좋아하는 식물 중에 하나가 풍란입니다. 키우기도 수월합니다. 뿐만 아니라 공중에 매달아 키우면 공간도 활용하고 인테리어 효과까지 볼 수 있지요.

제주도와 남해 도서지방에 분포하는 풍란은 해안 절벽에 붙어 뿌리를 다 내놓고 비와 습기만으로 자라는 강인한 식물입니다. 봄과 가을에 왕성하게 자랍니다. 여름이 되면 잎 사이에서 꽃대가 나와 하얀색 꽃이 피고

풍란

달콤한 향이 나지요. 잎이 4장, 뿌리가 3개 정도 되면 포기 나누기를 하여 다른 화분에 심어 늘려가는 재미도 볼 수 있습니다.

풍란은 다육식물처럼 밤에 이산화탄소를 흡수하고 산소를 방출하여 침실에 알맞은 식물이라고 할 수 있습니다. 물은 이끼나 수태의 겉 부분이 바짝 마르기 직전, 약간 푸석해 보일 때 주는 것이 좋아요.

풍란이 좋아하는 환경
- 햇빛이 잘 드는 반그늘
- 잘 자라는 온도는 20~25℃
- 여름에는 습도 80~90%, 겨울에는 습도 50%
- 통풍이 잘 되는 곳

장미허브

여름에 덥다고 에어컨을 오랫동안 켜 놓으면 실내가 건조해지기 쉽습니다. 건조해지면 피부 트러블로 고생하는 분이 있다거나 아기가 있는 집이라면 장미허브를 추천합니다. 향기도 좋고 번식력이 뛰어나 잎이나 줄기를 흙 속에 꽂아 놓고 물만 주어도 새순을 틔우지요. 농촌진흥청 연구결과, 증산작용을 통해 실내습도를 올리는 데 가상 효과가 큰 식물이 바로 장미허브라고 합니다.

장미허브가 좋아하는 환경
- 햇빛이 잘 드는 반그늘
- 잘 자라는 온도는 20~25℃
- 물 빠짐이 좋은 흙, 물은 1주일에 한번
- 통풍이 잘 되는 곳

공중화분걸이 만들기

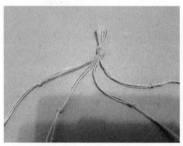

❶ 헝겊을 가늘고 길게 잘라 줄을 만들거나 60㎝ 길이의 마끈 8~10줄을 준비합니다.
❷ 줄을 모두 모아 한번 묶어 주세요.
❸ 2가닥씩 매듭을 짓습니다.

❹ 교차해서 옆에 있는 줄을 모아 묶습니다.
❺ 끝 부분의 줄을 모두 모아 묶으세요.

❻ 풍란을 심은 토분을 화분걸이에 넣 ❼ 10줄로 매듭을 만들어 장미허브화
어 적당한 곳에 거세요. 분도 걸어 주세요.

1인 가구를 위한 실내 습도를 높이는 식물, '워터코인' 기르기

기온이 낮고 대기가 건조해진 겨울철에는 환기부족으로 실내공기의 질이 떨어지기 쉽습니다. 실내가 건조하고 피부 및 안구 건조 증상으로 고생하게 됩니다. 특히 호흡기 점막이 건조하면 바이러스에 쉽게 감염되고, 실내가 어두우면 우울함도 증가합니다.

건강하고 쾌적한 환경을 유지하기 위한 적정 온도는 18~21℃, 습도는 40~60%입니다. 실내에서 식물을 키우면 습도분만 아니라 온도 조절에도 도움을 줍니다. 농촌진흥청 연구에 의하면 '겨울철 식물을 키우면 물을 떠 놓았을 때보다 가습효과가 4배나 높고, 실내 면적의 10%를 채우면 습도를 최고 30% 정도 높일 수 있으며, 또한 겨울철에는 실내 온도를 약 1.5℃ 높일 수 있고 여름에는 반대로 기온을 떨어뜨리는 효과가 있다'고 합니다.

식물은 가습효과가 뛰어납니다. 그 이유는 식물에 물을 주면 물이 뿌리를 통과하는 과정에서 세균이 완전히 걸러지고, 증산작용에 의해 습도가 높아지기 때문입니다. 기본적으로 물을 좋아하고 반그늘에서도 잘 자라는 식물로는 워터코인, 아이비, 스킨답서스, 트리안, 싱고니움 등이 있습니다. 가습 효과가 좋은 식물들이죠. 물을 좋아하고, 동전처럼 동글동글 귀여운 잎을 가진 워터코인을 길러 보세요.

워터코인 기르기
❶ 구멍이 없는 화분에 물을 화분의 1/2 가량 채웁니다.
❷ 워터코인 모종을 포트에서 꺼내어 화분에 넣어줍니다.
❸ 숯을 함께 넣어주면 가습효과가 더 높아집니다.
❹ 겨울철에는 뿌리가 얼지 않도록 주의하고 양지바른 창가에 둡니다.

천연재료로 실내 습도 높이기
'솔방울'과 같은 천연 재료를 활용해 실내 습도를 높일 수 있습니다. 솔방울을 물로 깨끗이 씻은 후 물에 담가둡니다. 솔방울이 물을 흡수하여 오그라들면 밖으로 꺼내어 접시 쟁반에 올려놓습니다. 수분이 증발해 솔방울 사이가 벌어지면 동일한 방법으로 물에 넣었다가 꺼내어 사용합니다. 오목한 항아리나 화분에 물을 채운 뒤 숯을 넣어두는 것도 실내 공기 정화 및 가습 효과가 있습니다.

워터코인 화분 만들기

❶ 화분에 물을 채웁니다.

❷ 워터코인 모종을 화분에 넣어줍니다.

❸ 3~4개의 워터코인 모종을 모아 심습
니다.

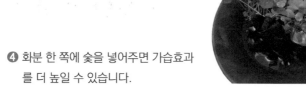

❹ 화분 한 쪽에 숯을 넣어주면 가습효과
를 더 높일 수 있습니다.

지키고 가꿔야 할 토종작물

수세미

아주까리밤콩

도농상생을 위한 도시농업공동체 활성화

2017년 3월에 「도시농업의 육성 및 지원에 관한 법률」(일명 「도시농업육성법」) 일부개정안이 공포되었다. 정부가 개정 이유에서 밝혔다시피 그간 도시농업의 범위는 "도시에서 농작물을 경작 또는 재배하는 행위"로 매우 협소하게 규정돼 있었다. 따라서 다양한 모습의 도시농업활동이 도시농업으로 인정받지 못하는 폐단이 있었다. 이에 때늦은 감은 있지만, '수목·화초 재배행위'는 물론, '도시양봉을 포함한 곤충 사육 행위'까지 그 범위를 확대한 것은 크게 환영할 만한 일이다.

도시농업 범위 확대는 다른 측면에서도 중요한 의미를 가질 수밖에 없다. 거의 유명무실한 조항에 불과했던 '도시농업공동체 지원'에 대한 기대감을 높일 수 있기 때문이다. '도시농업공동체'가 보다 현실성 있는 실체로 다가올 계기가 마련되었다고 볼 수 있는 것이다. 이제 도시농업공동체 운영은 일정 규모 이상의 텃밭 외에 학습·취미·여가·체험용으로 사슴벌레류, 풍뎅이류, 나비류, 꽃무지류, 귀뚜라미류, 개미류 등의 곤충사육, 양봉으로 확대되었다. 도시텃밭의 생태계가 더욱 풍부해지고, 도시농업공동체가 다양한 영역으로 확산될 수 있는 기회가 되리라 본다.

도시농업공동체는 도시지역 가구가 5가구 이상 참여하고, 운영하는 텃밭이 100제곱미터 이상이며, 대표자를 선정하고 운영관리계획서를 갖추면 해당 자치구에 등록 신청을 할 수 있다. 도시농업공동체로 등록되면 자치구에 따라 차이가 있지만 텃밭운영에 필요한 소정의 금액을 지원받을 수 있다. 사실 이러한 지원은 도시농업공동체를 유지하거나 확대하는 데 별반 도움이 되지 않는다. 그래서 마을공동체로 등록하여 마을공동체 지원사업에 참여하거나 주민참여예산지원사업에 응모하기도 한다. 지원사업에 선정된다 해도 규모 확장에 도움은 되나 지속성을 담보하기는 어렵다.

공동체가 중요한 이유는 상호작용에 기반을 둔 신뢰, 규범, 연대와 같은 가치들을 통해 지역은 물론이고 국가적인 신뢰프로세스를 구축할 수 있으며, 국민행복 증진에 크게 기여할 수 있기 때문이다. 에리히 프롬은 자신의 저서 『소유냐 존재냐』에서 "존재의 유대 관계 속에서 행복을 회복할 수 있다"고 했으며, 사회심리학자 제니퍼 아커 스탠퍼드대학 교수는 "사람들을 위해 좋은 행동을 하는 것이 가장 큰 행복감을 초래한다"고 말한다. 존재의 유대, 타인을 위한 행동을 기본으로 한 좋은 공동체는 우리 삶의 질을 높일 수 있다.

도시와 농촌을 막론하고 공동체성이 약해지고 해체되고 있는 게 현실이다. 이를 안타깝게 여겨 새로운 삶을 위해서 공동체를 만들고, 그 안에서 서로 신뢰를 쌓으며 문제를 해결해 나가고 행복을 찾고자 노력하는 이들이 출현하는 것은 그나마 다행스런 일이다. 도시에서는 소박하고 건강한 먹거리로 공동체 정신을 회복하려는 움직임과 더불어 사회적 연결망 형성 기능을 가진 도시농업을 통해 인간 소외와 공동체 파괴로 이어지는 도시의 문제를 해결해가고 있다. 도시농업은 도시에 크고 작은 공동체를 형성에 기여하고, 기존 공동체를 재활성화시킴으로써 도시의 공동체문화를 풍부하게 해준다. 그래서 도시의 마을공동체, 지역공동체 활성화 사업을 추진하는 주체들은 텃밭을 조성하여 이를 공동체 문화 공간으로 적극 활용하고 있는 것이다.

도시농업은 생태환경 공동체를 유지하기 위한 다양한 융합 활동으로 변화하고 있다. 특히, 공동체지원 농업(CSA·Community Supported Agriculture)의 한 형태로 소농·가족농이 생산한 '제철꾸러미'를 신청함으로써 농민에게 공정한 보상과 지속가능한 농업 시스템을 지원하는 도시농부들이 늘어나고 있다. 도시농부는 농촌의 소농이나 가족농처럼 도시에서 작은 공간이지만 가족들과 함께 다양한 작물을 가꾸면서 생태적인 농사를 짓고, 그 과정을 통해 소농·가족농의 마음을 헤아리며 상생하는 활동을 펼치고 있다.

도농상생은 도시와 농촌 간 공존을 위한 공감대 형성과 이를 토대로 한 공동체적 활동을 필요로 한다. 도시와 농촌은 공동체 회복이라는 공통의 과제를 안고 있다. 해결 방안 중에 하나는 농촌과 교류하고 농업을 지원하는 도시농업공동체를 육성하는 것이다. 이의 효과적인 방안은 도시농업농공체가 도시농업 활성화 및 지속가능성을 높이고 협동조합으로 발전할 수 있도록 길을 열어주는 한편, 도농상생의 핵심역할을 할 수 있도록 법률을 개정하고 조례를 제정하는 것이다.

법률 개정과 조례 제정은 시간이 걸리므로 「도시농업육성법」에 담긴 도시농업의 유형을 시민에게 홍보하면서 도시농업공동체의 가치와 등록 방법 등을 함께 알린다면 지금보다는 더 많은 도시농업공동체가 만들어질 것이다. 다만 도시농업공동체 등록 요건 중 운영하는 텃밭이 100제곱미터 이상이어야 한다는 규정에 대해선 자치구 공공텃밭, 공공기관 옥상텃밭, 한국토지주택공사 도시농업농장, 대학교 캠퍼스농장 등을 운영하는 공공영역에서 적극 지원한다면 해결될 수 있다.

도시텃밭에서 이루어지는 도시농부들의 모임은 퇴비, 밥상, 씨앗, 적정기술, 약초, 교육, 문화, 청년 등 관심사에 따라 각양각색이다. 이러한 모임들을 발굴하여 도시농업을 지속적으로 실천할 수 있게 뒷받침하는 것은 물론, 도농상생 도시농업공동체로 발전할 기회를 마련해주어야 한다. 도농상생 공동체는 '공동체가 지원하는 농업 다양화', '제철꾸러미 신청', '내 논 갖기' 등 다양한 형태의 실천 방안을 모색할 수 있다. 농촌공동체와 교류하면서 해당 마을에 교류농장을 조성하여 공동체와 공동체가 함께 농사를 지으며 도농상생의 보람과 행복을 얻게 될 것이다. 또한 소농·가족농, 귀농인과 그들이 조직한 공동체를 지원하는 도시농업공동체가 활성화되어 농산물, 농사법, 조리법 등을 매개로 공동체 간 지속적인 교류가 일어난다면 농촌으로의 인구의 이동, 출산율 증가, 행복지수 향상이라는 상생의 나비효과가 자연스럽게 나타날 것이다.

앉은뱅이수수

얼룩찰옥수수

동물복지, 가치소비 그리고 도시농업

유엔 자연헌장에는 "모든 생명체는 인간에 대한 가치와 관계없이 그 존엄성이 인정되어야 한다"고 명시되어 있다. 지구의 다양한 생물들은 인간의 삶과 함께해 왔으며, 인간의 삶을 윤택하게 하는 근원이기도 하다. 식물, 동물과 인간이 하나의 생명줄로 연계되어 있기 때문에 모든 생명체는 존엄성이 인정되어야 하는 것이다. 인간중심적 사고에서 인간과 자연의 공생적 사고로의 전환을 촉구하고, 지속가능성 개념을 통해 환경과 인간복지 간의 관계의 중요성을 강조하는 '생태복지'와 유엔 자연헌장은 일맥상통한다.

식물복지, 동물복지, 인간복지를 아우르는 생태복지 중에서 인간에게 가장 가깝게 다가온 것이 동물복지(animal welfare)이다. '안락한 환경이 어우러져 행복을 누릴 수 있는 상태'를 복지라고 한다. 동물복지는 인간이 자신의 영리만을 위해 동물을 이용하는 것을 반대하고, 동물에 대해 최소한의 윤리성을 확보하는 일이다. 동물복지는 2008년, 유럽연합(EU) 제안으로 'ISO 26000(사회적 책임에 관한 국제표준; 조직의 결정과 활동이 사회와 환경에 미치는 영향에 대해 투명하고 윤리적인 행동을 통해 조직이 지는 책임)'에 정식 채택되었다. ISO 26000 동물복지는 식품안전 기준보다 더 강제력 있는 표준안으로 자리 잡아 가고 있다.

ISO 26000을 계기로 국제사회는 기업, 비영리단체, 공공기관 등 모든 조직의 사회적 책임이 강조되는 책임사회로 나아가고 있다. 최근 국제소비자기구도 문제의식책임, 참여책임, 사회적 책임, 환경보존책임 등 소비자책임을 선언했다. 소비자도 책임의식을 갖고 실천하는 사회가 도래했으며, 기업의 사회적 책임을 촉구하기 위해서는 윤리적 소비, 착한 소비를 넘어 가치

소비(사회적 가치가 부여된 제품을 소비, 즉 나만의 가치가 아니라 우리의 가치를 추구하는 소비)가 필요하다고 한다.

우리나라는 2013년에 '축산선진화법'이라 불리는 「동물보호법」 제29조의 개정으로 '동물복지축산농장'이 등장했다. 하지만 최근 '살충제 계란 파동'으로 지탄받은 것처럼, 대부분의 가축이 아주 가혹한 환경에서 생활하고 있다. 동물복지농장 산란계의 경우, 다단 구조물(케이지)이 설치된 계사는 "이용 가능 면적(다단구조물 포함) 1㎡당 9마리 이하"로 법에서 규정하고 있지만, 이의 몇 배에 이르는 사육밀도로 케이지에 갇혀 사는 게 현실이다. 정책적 지원을 받고 있는 동물복지농장제가 생겼어도 여전히 공장식 밀집축산이 줄지 않는 이유는 육류 소비량이 해마다 증가하고 있기 때문이다. 2016년 한 해에 닭을 7억 3천만 마리를, 달걀은 135억 6천만 개(1인당 평균 268개)를 소비했다고 한다.

사실 동물복지농장제와 더불어 방역시스템, 품질 인증제 등을 엄격하게 실시하더라도 소비자의 태도가 변하지 않는 한, 갈 길이 요원해 보인다. 지나친 칼로리 섭취, 육식 위주의 식문화에서 탈피할 필요가 있다. '네(식물과 동물)가 행복해야 내(인간)가 행복하다'는 공생적 사고와 가치소비가 함께 이루어져야 동물복지농장 정책이 성공할 수 있다. 《헤럴드경제》가 분석한 '2017 맛 트렌드'에 의하면, 지구와 환경을 고려하는 소비자가 늘고 '환경 가치 소비'가 대세로 떠오르면서 환경과 공존하는 한 단계 진화한 채식음식 문화가 눈에 띄었다고 한다.

슬로푸드 운동의 발상지인 이탈리아 토리노는 동물의 기본권 보호를 위하여 '채식도시'를 선언했다. 독일에서도 건강한 삶에 대한 관심, 생명존중, 환경을 생각하는 방향으로 식문화와 소비가 변하면서 20~30대 청년층을 중심으로 채식인구가 꾸준하게 증가하고 있는 추세이다. 채식을 선택하는 사람들 대다수가 동물복지에 관심이 많으며 기후변화에 대한 위기의식이 커지면서 채식주의 운동이 더욱 탄력을 받고 있다. 기후변화 대응, 도시열섬 완화를 위하여 시작된 도시농업 분야에서 활동하는 사람과 도시농부 중에는 채식하는 사람들이 많다. 도시농부들은 생태적인 흙 가꾸기를 통해 땅의 복지를 실천하며 최대한 자연의 시간과 환경에서 재배하면서 식물복지에도 기여하고 있는 셈이다.

동물복지는 식물복지의 기본이 되는 토양에 영향을 주고, 동물복지는 식물복지, 인간복지와 상호작용을 하며 하나의 사슬체계를 이루고 있다. 식물복지를 통해 인간복지에 도움을 주고 동물복지를 생각하는 것이 도시농업이다. 이러한 의미에서 도시농업은 인간과 자연이 공존하는 생활 속 생태복지라 할 수 있다. 즉 생태복지를 실현하고 동물복지에 공헌하는 것이 도시농업인 것이다.

도시농업의 볼륨을 높여 식문화와 가치소비에 대한 인식을 확산시키는 것은 동물복지, 생태복지에 기여하는 것이 된다. 이를 위한 실천적 방법으로 첫째, 실천중심 도시농부 교육에 식물복지, 동물복지, 인간복지를 결합하여 '생태복지 도시농업'으로 교육과정을 구성할 필요가 있다. 더불어 자치구별, 학교별, 마을별로 촘촘하게 도시농부 교육이 이루어질 수 있도록 해야 한다. 이러한 노력은 도시농업의 새로운 가치 창출과 제2의 붐을 일으키는 계기가 될 수 있을 것이다.

둘째, 식생활 교육과 미래식량곤충을 접목하여 새로운 도시농업 식문화를 창안하자. 우리는 필요 이상으로 많은 육류를 섭취하고 있다. 세계보건기구의 권장식단에 따르면, 인류가 전체적으로 과일과 채소 소비는 25% 더 늘려야 하고, 붉은 고기 소비는 56%나 줄여야 한다. 2013년, 유엔식량농업기구는 "곤충은 인류를 위한 훌륭한 영양공급원"이라고 인정했다. 곤충도 도시농업에 적극 반영하자. 도시농업에서의 곤충은 식량공급원뿐만 아니라, 진딧물을 잡아주는 칠성무당벌레처럼 도시생물다양성과 생태복지에 기여하는 중요한 매개체가 된다.

셋째, 도시농부가 주축이 되어 가치소비를 주도하고 식물복지, 동물복지를 실천하는 농가를 발굴·지원하는 '가치인증價値認證' 공동체를 꾸리자. 가치인증단원으로 활동하며 보람도 찾고 농가를 자주 왕래하면서 '생명을 귀중하게, 밥상을 건강하게, 사람들을 행복하게' 하는 일에 앞장설 수 있다. 이것은 낯선 미개척 분야가 아니다. 생협의 '자주인증체계', '농사펀드'의 발전된 사례이며 사회적경제의 한 영역이다.

지키고 가꿔야 할 토종작물

오리알태

왕박

생물다양성과 우리씨앗을 지킬 수 있는 도시농업

도시의 생물다양성 감소 추세에 직면해 이를 극복하는 대안으로 도시농업이 주목 받고 있다. 도시농업이 산업화와 도시화로 인하여 사라졌던 종들의 서식지를 빠르게 회복할 수 있는 효과적인 방법이기 때문이다. 특히, 도시농부들이 우리씨앗을 심고 가꾸며 보전하는 활동은 단순히 건강한 먹을거리를 되찾는 차원을 넘어 유전적 다양성을 회복하는 첫걸음이 될 수 있다. 도시농업이 지향하는 생태적인 농업방식은 생물들의 서식지 복원과 생물다양성을 촉진하게 된다. 서식지의 복원은 벌, 나비, 지렁이와 같은 생태계의 사슬을 이어주는 생명체들의 귀환을 도와주며, 이를 통해 나타나는 유전적 다양성·생물다양성의 확대는 결과적으로 인간이 보다 인간답게 살 수 있는 사회적 서식지의 재구축으로 이어진다.

도시에서 농업을 하는 행위는 단순히 자급자족적인 식자재의 조달을 추구하는 게 아니라, 궁극적으로 위기에 처한 생명체의 서식지 회복, 사라졌던 종들의 복원, 나아가 공동체의 재구축으로 확장될 수 있는 것이다. 30㎝를 조금 넘는 텃밭상자 하나가 생물다양성을 풍부하게 만들고, 산업화와 환경파괴로 공멸 위기에 놓여 있는 도시민들의 공동체를 재규합하여 사회적 신뢰를 회복하는 가장 쉽고 강력한 도구가 될 수 있다.

생물유전자원에 대한 해외 의존도가 높은 우리나라는 2017년 8월에 생물유전자원을 활용해 얻은 이익을 자원제공국과 공유하는 '나고야 의정서' 당사국이 된다. 나고야 의정서는 특정 국가의 생물자원을 수입할 때 로열티까지 내야 하는 국제협약으로, 자국의 고유종을 확보해야 국가경쟁력이 생기는 '종자전쟁'인 것이다. 이미 2013년부터 국제식물신품종보호동맹(UPOV·

International Union for the Protection of New Varieties of Plants)이 지적재산권 보호 품종을 전 품목으로 확대하면서 식물종자 확보를 위한 경쟁이 치열해지고 있는 형편이다. 우리나라도 종자전쟁에서 살아남기 위해 토종자원을 발굴하여 보호하고 고유한 신품종 육성에 힘을 쏟고 있다. 나고야 의정서에 대응하기 위하여 해외 종자산업 동향과 정보 제공, 토종자원의 정당한 대우를 보장하는 정책 등 여러 가지 방안도 마련하고 있다.

세계 각국은 정부와 민간이 너나할 것 없이 자국의 생물자원을 보전하기 위하여 여러 가지 활동을 활발하게 이어가고 있다. 유럽이나 쿠바 등 유기농업을 중시하는 국가들은 자국의 종자를 지키기 위한 다양한 정책을 펼치고 있으며 농가, 지역단체들은 고유 품종을 자가 채종하여 지키고 교환하는 '지역종자네트워크'를 조직함으로써 종자지킴이 역할을 하고 있다. 미국의 비영리단체 '씨앗을 지키고 나누는 사람들(Seed Savers Exchange)'은 1만 명이 넘는 회원들이 씨앗을 증식시키고 교환하는 활동을 하며 토종식물 보전에 기여하고 있다. 1975년부터 시작된 작은 활동이 40여 년의 종자지킴이 역사가 되었고, 약 2만 5천 품종을 보유한 미국 최대의 비정부 종자은행 중 하나로 발전하게 되었다.

우리나라는 세계에서 두 번째, 아시아에서는 처음 지정된 종자은행인 국립농업과학원 농업유전자원센터가 있으며, 현재 총 9,458종의 268,308 자원(곤충 및 미생물 포함)을 보유하고 있다. 경남, 전남, 제주, 강원에서는 토종씨앗 보존 지원 조례가 만들어져 토종씨앗 보전운동에 탄력을 받고 있다. 전남 장흥의 11명의 농가가 모인 '토종이 자란다' 팀은 직접 기른 토종작물들의 사진을 SNS로 공유하면서 토종의 가치에 대한 공감대를 전국적으로 확산시키고 있다. 강원도 춘천에서는 2015년에 결성된 춘천토종종자모임이 올해 '춘천토종씨앗도서관'을 개관하여 춘천 인근지역의 토종씨앗을 수

집하는 한편, 토종씨앗의 중요성을 알리고 있다.

우리의 토종자원이 안정적으로 보전되려면 토종을 찾는 사람이 늘어나도록 해야 한다. 그래야 생산성, 상품가치 등이 떨어진다는 이유로 외래종에 밀려나고 종자은행에서 명맥만 유지하는 형편인 우리 고유종이 제대로 지켜질 수 있다. 토종 종자는 우리 땅에서 자라면서 대대로 우리의 자연과 환경을 고스란히 품고 보존되어온, 한반도 생태 및 자연 역사의 응결체이자 지역 고유의 유전자원이다. 도시농부는 토종에 관심이 많다. 해마다 2~3월이면 '토종씨드림'에서 주최하는 토종씨앗 나눔 행사에는 도시농부들이 항상 북적거린다. 전국여성농민회의 토종씨앗 축제와 한살림서울 가을걷이 축제, 농부의 시장 마르쉐@, 각 지역 도시농업네트워크에서 주관하는 우리씨앗 나눔도 조기에 마감될 정도로 도시농부들에게 인기가 많다.

민관이 협력하면 도시농업을 통한 생물다양성 확보와 우리씨앗을 지킬수 있는 방법이 다양해지고 실천력 또한 확대될 수 있다. 농촌진흥청 농업유전자원센터는 토종 관련 단체들과 함께 우리나라 토종작물 지도를 구축하여 보급하고, 정부는 각 지역 도시농업지원센터 및 관련 기관들이 씨앗도서관을 운영할 수 있도록 지원할 필요가 있다. 지방자치단체는 토종 보존 조례 제정, 씨앗도서관 건립, 토종 전시포와 채종포 설치, 저장고 설비 등을 갖추고 토종지킴이 활동들을 확산하도록 한다. 민간단체는 토종의 가치, 기능성과 효능, 토종작물의 재배법과 요리법 등에 대하여 연구하고 알린다. 이와함께 우리씨앗도서관과 전시포를 생물다양성과 토종의 체험교육장으로 활용하고, 24절기에 따라 우리씨앗과 생물다양성 축제를 연다면, 토종의 가치와 그 중요성에 대한 인식뿐만 아니라 공동체성도 확산될 수 있다고 본다.

우리씨앗을 지키고자 하면 자원이 순환되는 생태적인 농업 방식은 당연따라오기 마련이고, 더불어 토종커뮤니티도 활성화될 것이다. 우리씨앗-전통농업-종자나눔, 3개의 사슬이 각 지역으로 퍼져나가면, 생물다양성-자원순환-로컬푸드-커뮤니티로 이어지는 선순환이 지속될 수 있을 것이다. 마치 삼각형으로 이루어진 다면체가 둥글게 연결되어, 돌리면 서로 다른 면이 만나 새로운 모양을 만드는 입체도형 '칼레이도 사이클'처럼 말이다.

도시농업과 생물다양성 증진*
– 도시농업을 통한 도시 내 생물다양성 증진 사례 –

Ⅰ 서론

2014년 10월 6일부터 10월 17일까지 2주간 평창에서 제12차 생물다양성 협약 당사국총회(CBD COP 12)가 열렸다. 본 협약은 생물다양성의 보전, 생물자원의 지속가능한 이용, 생물자원을 이용하여 얻어지는 이익을 공정하고 공평하게 분배할 것을 목적으로 1992년 유엔환경개발회의에서 채택되었으며, 한국은 154번째 회원국이다.

　현재 지구상의 생물종수가 약 870만 종으로 확인되나 파괴적이고 지속적인 산업화, 도시화로 인하여 빚어지는 환경오염, 서식지 파괴, 기후변화, 남획 등으로 생물다양성은 크게 훼손되어 가고 있다. 「OECD2050 환경전망보고서」에 따르면 전 세계 생물다양성은 1970년부터 2010년까지 11% 가까이 감소하였으며, 이러한 추세라면 2010년부터 2050년까지 10%가 추가적으로 감소될 것으로 전망하고 있다. 생물다양성은 물론, 생명의 존립이 위협받고 있는 것에 한국도 예외일 수는 없다. 지난 20년간 난개발로 인하여 농지의 15.9%, 갯벌의 20.4%, 산림의 2.1%가 감소하였다. 이에 대하여 「OECD2050 환경전망보고서」는 육상 생물의 다양성 감소가 가장 크게 발생

---

* 이 글은 동국대학교 생태환경연구소에서 발간하는 《생태환경논집》(Vol.2, no.1, 2014. 06.)에 발표한 필자의 논문입니다.

하는 곳으로 한국과 일본을 선정했으며, 생물종의 감소 수치는 전체의 36% 에 달할 것으로 예상하고 있다.

생물다양성협약 총회 개최국이자, 동시에 생물다양성이 가장 크게 위협 받고 있는 한국의 위치는 심각한 상황이 아닐 수 없다. 이러한 생물다양성의 감소를 생각보다 쉽게 접할 수 있는 곳이 있다. 바로 식탁 위다. 국내 토종 종 자는 고사하고, 산업화와 도시화로 바쁜 현대인들은 취급하기 편리한 식자 재만을 '슈퍼마켓'에서 구입하는 게 작금의 현실이다. 이를 고려해 볼 때, 생 물다양성의 감소는 생각 이상으로 생활과 밀접하게 연관되어 있다.

유엔 식량농업기구(FAO)에 따르면 농업이 산업화된 결과 20세기에 먹 을거리 생물의 75%가 사라진 것으로 추정된다. 한마디로, 재배되는 여러 형 태의 당근, 콩, 시금치 같은 식량 작물의 다양성, 수산 식품 자원의 유전적 다 양성, 가축 품종의 다양성 등이 급격히 파괴되고 훼손된 형편이다. 우리가 이 용하는 먹을거리의 전체 생물이 '슈퍼마켓'에 맞추어 규격화되고 그 규격에 적합하지 못한 것은 사라지고 있는 것이다. 75%라는 수치는 파괴된 다양성 의 상징이라고 할 수 있다. 브라울리오 페레이아 소우자 디아지 생물다양성협 약 사무총장이 "도시에 사는 대부분 사람들은 식품을 슈퍼마켓에서 얻다 보 니 생물다양성의 중요성을 모르고 지낸다"고 우려를 표명한 것이 틀린 말은 아닌 것이다.

국내에서 2010년부터 주목 받고 있는 도시농업은 이러한 위험을 완화하 는 대안이 될 가능성이 있다. 물론, 그것이 작게는 식탁 위의 생물다양성 확 대라고 할지라도 말이다. 현재 한국의 도시농업은 외국의 그것과는 다르게 빈곤을 극복하는 식량안보적인 관점보다는 잃어버렸던 과거의 '건강한 먹을 거리'로의 회귀를 바라본다는 점이 특징이다. 안전하고 건강한 먹을거리의 회복을 위해서 텃밭을 통한 토종 종자들의 화려한 부활, 도시화로 인한 환경오염 등으로 서식지를 잃었던 생명체들을 위한 자연친화적 도심 서식지 조성 등은 우리 사회에 내포하고 있는 생물다양성 위기를 충분히 극복할 수 있는 대안이 될 수 있다.

II 도시농업의 현황

1. 국내외 도시농업의 발달 및 정의

도시농업(都市農業, Urban agriculture)은 도시의 다양한 공간을 활용한 농사 행위로 농업이 갖는 생물다양성 보전, 기후조절, 대기정화, 토양보전, 공동체문화, 정서함양, 여가지원, 교육, 복지 등의 다원적 가치를 도시에서 구현하며 지속가능한 도시, 지속가능한 농업으로서의 기능을 수행한다[1]고 한다. 그런데 이는 매우 포괄적인 개념이며, 도시농업의 개념적 정의는 각 국가별 필요에 따라 별도로 구성되어 있어 서로 차이를 보인다.

영국, 독일, 일본 등 비교적 일찍이 도시화와 산업화를 겪은 나라들 간에도 도시농업의 개념과 그 목적에서는 차이를 드러내고 있다. 하지만 그 차이에 상관없이 이들 국가를 중심으로 도시농업이 확대되고 있으며, 기후변화 극복, 도심 내 자연 회복 등과 같은 시류와 맞물리면서 도시농업의 확산은 세계적 추세라고 해도 과언이 아니다.

도시농업의 원조 격인 독일의 경우, 오래전부터 도시농업의 원형이라고 할 수 있는 클라인가르텐(Kleingarten)을 조성해 왔는데, 이는 19세기 중반의

---

1) 위키피디아(http://ko.wikipedia.org).

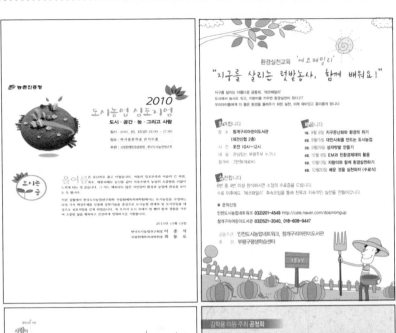

〈그림 1〉 도시농업에 대한 다양한 관심

빈민원(Armengarten)에서 유래[2]한다. 빈민원에서 빈민의 식량자급 생산을 주된 목적으로 시작됐다. 현재 독일 연방의 「건축법」 제5조에 따라 지역계획 수립 시 클라인가르텐 부지를 의무적으로 확보하도록 규정[3]하고 있다.

서부 산업화의 상징인 영국은 1908년 분할 대여된 농지라는 의미의 「얼라트먼트(allotment)」 제정 이후 도시 내 작물재배를 목적으로 개인에 임대해 주는 시민농장, 주말농장이 활성화되었다. 영국 역시 빈민들이 식량의 자급을 위한 목적으로 도시농업을 시작하였지만, 1970년대와 1980년대를 거치면서 도시생태계를 보호하는 것으로 영국 사회 내에서 재조명[4] 받았다.

일본의 시민농원은 도시 내 농지를 이용하여 시민들이 사용할 수 있게 정비된 것을 이른다. 일본의 시민농원은 20세기 초 영국의 얼라트먼트가 교토에 소개되면서 보급되기 시작하여, 1990년 6월 「시민농원정비촉진법」이 제정되면서 본격화[5]되었다.

현대 도시농업으로 주목받는 쿠바는 미국의 해상봉쇄로 소련의 원유 공급이 중단되면서 1991년 심각한 식량난이 발생했다. 기름이 없기 때문에 어쩔 수 없이 트랙터 대신 소, 비료 대신 퇴비를 활용하는 등 생태적인 형태의 도시농업을 확대 할 수밖에 없었다. 하지만, 쿠바는 이를 통하여 식량난을 극복했을 뿐만 아니라, 생태도시로 도약[6]할 수 있게 되었다.

국내에서 도시농업은 넓은 의미로 도시나 도시 근교에서 원예, 곡식, 가축, 어류 등을 생산하는 농업 활동으로 정의할 수 있으며, 좁은 의미로는 도시민이 도시의 자투리땅, 뒤뜰, 옥상, 베란다 등 다양한 공간을 이용해 식물

---

2) 경기개발연구원, 「경기도 도시농업활성화 방안」, 2012.
3) 경기개발연구원, 「경기도형 클라인가르텐 조성방안에 관한 연구」, 2009.
4) 《디트뉴스24》, '지태관의 도시농업 이야기 : 영국'(2013.01.26.).
5) 《부평신문》, '도시농업, 일본은 지금', 2008.08.24.
6) 경기개발연구원, 「경기도 도시농업 추진방안」, 2010.

을 재배하고 동물을 기르는 과정과 생산물을 활용하는 농업활동[7])을 말한다. 이를 통해 먹을거리를 직접 생산하고 생활환경의 질적 향상을 도모한다는 데 그 의미가 크며, 도시농업의 범위 역시 가정에서 화분에 화초를 재배하는 것부터 먹을거리 생산까지 광범위하게 그 활동 등을 규정하고 있다.

이렇게 광범위하고 상이한 도시농업의 개념은 2011년 「도시농업의 육성 및 지원에 관한 법률」의 제정을 통해 일단락되었다. 기존에 파편적이었던 도시농업에 대한 정의 및 개념은 통합되었다. 도시농업은 '도시지역에 있는 토지, 건축물 또는 다양한 생활공간을 활용하여 농작물을 경작 또는 재배하는 비경제적 행위'로 정의[8])되었으며, 주택활용형 도시농업, 근린생활권 도시농업, 도심형 도시농업, 농장형/공원형 도시농업, 학교교육형 도시농업 등 총 5가지 유형으로 분류되었다.

〈표 1〉 국내 도시농업의 유형

구분	내용	예시
주택활용형	(공동)주택 등 건축물의 내외부, 난간, 옥상 등 활용 (공동)주택 등 건축물에 인접한 토지를 활용	주택내외부텃밭 주택인근텃밭
근린생활권	(공동)주택 주변의 근린생활권에 위치한 토지 활용	농장형주말텃밭 공공목적형주말텃밭
도심형	도심에 있는 고층 건물의 내외부, 옥상 활용 고층 건물에 인접한 토지를 활용	빌딩내부텃밭 빌딩외부텃밭
농장형/ 공장형	공영도시농업농장, 민영도시농업농장 도시공원을 활용	공영도시농업농장텃밭 민영도시농업농장텃밭 도시농업공원텃밭
학교교육형	학생들의 학습과 체험을 목적으로 학교의 토지나 건축물 등을 활용	유치원(유아원)텃밭 초/중/고등학교 텃밭 기타 학습교육형텃밭

---

7) 서울시 농업기술센터(http://agro.seoul.go.kr/archives/853).
8) 「도시농업의 육성 및 지원에 관한 법률」.

2. 국내 도시농업 도입 및 제도적 현황

국내에 도시농업이 도입된 시기는 2005년으로, (사)전국귀농운동본부 도시농업위원회(2012년 텃밭보급소로 독립)의 도시농부학교와 상자텃밭보급행사를 시작으로 소수의 개별 도시민과 시민단체들의 적극적인 운동으로써 도시농업이 시작9)되었다.

2005년 이후, 도시농업에 대한 관심 증가는 지방자치단체의 별도 조례 제정으로 이어졌다. 자치단체 중 서울시는 2007년 최초로 도시농업 지원을 위한 지원 조례10)를 제정하였고, 이후 본격적으로 2010년부터 2012년까지 지자체별로 도시농업 활성화를 위한 관련 조례 제정의 붐이 일었다. 2010년 9건에서 2012년 41건으로 급격히 증가11)해 4.6배로 늘어난 양상을 보였다.

〈표 2〉 도시농업 관련 조례 양적 증가

(단위 : 건, 배)

구분	2010년	2011년	2012년	
			건수	증가 추이 (2010년 대비)
계	9	21	41	4.6
특별시/광역	1	4	6	6.0
기초	8	17	35	4.4

이러한 도시농업에 대한 지자체별 지원 조례의 증가는 도심 속 거주민들의 도시농업에 대한 욕구가 폭발적으로 증가하고 있음을 입증하고 있다.

---

9) 한국농촌경제연구원, 도시농업의 다원적 기능과 활성화 방안 연구, 2012.
10) 서울시, 「서울시 친환경 농업 및 주말, 체험영농 육성 지원에 관한 조례」 2007.3.
11) 한국농촌경제연구원, 도시농업의 다원적 기능과 활성화 방안 연구 수치 인용, 2012.

2010년에는 당시 농림수산식품부 주도로 도시농업의 활성화 방안을 마련하기 위해 농림수산식품부, 농촌진흥원, 산림청, 각 시·도 등 26개 기관이 참여하는 '도시농업활성화전국협의회'를 구성했다. 도시농업활성화전국협의회는 도시농업을 육성하기 위하여 제도설계, R&D, 산업화, 보급 및 교육, 네트워크 구축을 추진전략으로 하고 각 기관의 특성과 역할에 맞는 정책과제를 발굴, 추진하기로 했다.

협의회 내에서 농림수산식품부는 종합추진계획 수립, 도시농업 제정, 식물공장 등 산업화, 일자리 창출, 네트워크, 농촌진흥청은 상자텃밭·시민공원 조성 관련 실용기술 개발, 보급 및 교육, 지도인력양성, 산림청은 산림분야 실용기술 개발, 보급 및 교육, 도시숲 전문가 양성, 지방자치단체는 종합추진계획 시행, 생태농업 및 생활농업 확산, 도시농업실천가 발굴, 사업평가 등의 역할을 담당[12]한다.

위와 같은 사전준비를 통해 드디어 2011년 정부는 「도시농업의 육성 및 지원에 관한 법률」을 제정하여 도시농업의 활성화를 위한 총괄적인 기반을 조성, 지원 근거를 마련하였다. 이 법률의 제정은 기존 지자체별 조례 제정을 통해 산발적으로 지원하던 양식에서 벗어나게 하는 한편, 주체별로 자의적이었던 도시농업에 대한 개념과 범위를 재조정함으로써 도시농업을 확대하기 위한 체계적인 토대를 구축할 수 있었다는 데서 그 의미가 크다.

이후 「도시농업의 육성 및 지원에 관한 법률 시행규칙」(2012)이 제정되었으며, 본 시행규칙에는 도시농업의 유형별 분류, 도시농업지원센터의 역할(교육), 전문인력 양성, 도시농업공동체 등록 등 도시농업을 활성화하는 데 있어서 필요한 실행주체들에 대한 육성 및 도시 내 토지이용 가능 방법 등의 내용이 담겼다.

---

12)《한국농정》, '도시농업활성화 위해 정부가 나선다', 2010.05.03.

2011년에 이르러서야 도시농업이 국내에서 제도적으로 안착된 것이, 다른 나라들과 비교했을 때 매우 늦은 것으로 보일 수 있다. 하지만 사실, 국내에서 도시농업이 낯선 개념은 아니었다. 1994년 「농어촌정비법」에 의거, 농어촌 휴양사업의 일환으로 관광농업과 도시 주변의 주말농장에 대한 지원제도를 시행하였으며 이는 한국형 도시농업을 지원하는 제도의 시초라 볼 수 있다.

그 후 2003년 도시주민에 대한 주말농원 수요가 증가하여 1,000㎡ 미만에 한정하여 도시주민의 텃밭용 농지 소유를 허용하게 되었다. 이를 통하여 도시민들은 비로소 텃밭농원을 개설하여 직접 경작하거나 임대[13]하는 것이 가능하게 되었다. 도시민들의 취미적 농업이라는 취지하에 시작 된 체험형 주말농장이 지금 도시농업의 근간이 된 것이다.

3. 국내 도시농업의 실태[14]

2012년 농림수산식품부 및 한국농촌경제연구원의 「도시농업 실태조사」에 따르면, 전국 특광역시·도 등 15개 지방자치단체를 대상으로 근린생활권도시농업(농장형 주말텃밭, 공공목적형 주말텃밭), 도심형농업(고층건물 외부 텃밭인 옥상농원), 학교교육형 도시농업(학교텃밭, 학교숲) 등의 현황을 조사한 결과 전체 도시텃밭의 면적은 559ha, 참여자수는 76만 9천명으로 조사되었다. 도시텃밭의 면적은 2010년 대비 5.4배로 늘었으며, 도시농업 참여자수 역시 2010년 대비 5배 증가한 양상을 보였다.

---

13) 서울시정개발연구원, 서울시 도시농업 현황과 시사점, 2012.
14) 농림수산식품부, 한국농촌경제연구원(2012), 도시농업 실태조사 결과, 한국농촌경제연구원(2012), 도시농업의 다원적 기능과 활성화 방안 연구 재인용

<표 3> 도시농업의 실태

(단위 : ha, 천명, 배)

구분	2010년	2012년	증가 추이
도시텃밭 면적	104	559	5.4
도시농업 참여자수	153	769	5.0

주말텃밭은 근린생활권도시농업으로 농장형 주말텃밭과 공공목적형 주말텃밭을 말한다. 주말텃밭의 면적이 478ha로 가장 컸으며 참여하는 도시민의 수도 28만 4천명으로 가장 많았다. 주말텃밭은 서울특별시, 부산광역시, 경기도 순으로 높은 비중을 차지하고 있다.

서울시의 경우 주말텃밭용 텃밭수는 170개, 면적은 58ha, 참여자수는 8만 4천명 정도이고, 부산광역시는 텃밭수 3,552개, 137ha에 1만 6백여명이 참여하고 있다. 경기도는 1,276개 텃밭에 면적은 157ha, 참여자는 14만 7천명으로 규모가 가장 컸다.

학교텃밭을 살펴보면, 전국적으로 2,700개소가 있고, 면적은 73ha, 참여자 45만명 정도이다. 규모와 참여자 면에서 서울시, 경기도, 충청북도가 높은 비중을 차지하고 있다. 서울시의 경우 학교텃밭 971개소, 면적은 13ha, 참여자수는 19만 4천명 정도이다. 경기도는 351개소, 면적은 17ha, 참여자는 2만 5천명이 참여하고 있다. 충청북도는 222개소에서 12ha에 1만 8천명의 학생이 참여하고 있다.

학교텃밭은 학생들의 교육과 체험이 이루어지는 공간으로써, 미래 세대들에게 도시농업이 지닌 교육적 가치, 생물다양성에 대한 가치를 전달할 수 있다는 점에서 그 활용도가 크다. 때문에 교육성을 강화하여 정규과정으로의 도입이나, 체험성을 강화한 방과후 프로그램 등에 도시농업이 교육 콘텐츠로 주목받고 있다.

옥상농원은 도시텃밭 중 면적과 참여자의 규모가 가장 작은 것으로 나타났다. 이는 건물 옥상에 텃밭을 조성하는 옥상농원의 특성에 기인한다고 볼 수 있다. 전국의 옥상농원은 2,947개소, 면적은 7ha, 참여자는 3만 3천여명 정도로 추정된다.

〈표 4〉 국내 도시농업 현황(2012)

구분	주말텃밭			학교텃밭			옥상농원		
	수	면적	참여자	수	면적	참여자	수	면적	참여자
서울시	170	578,781	84,832	971	128,720	194,153	647	14,431	8,183
부산시	3,552	1,372,707	10,691	197	44,584	28,111	21	1,623	1,451
대구시	22	81,730	2,060	25	9,060	2,700	54	3,910	213
인천시	20	68,775	7,129	114	3,982	16,966	20	1,577	1,056
광주시	7	31,609	610	15	5,500	4,584	3	579	–
대전시	33	43,235	1,092	13	625	3,040	5	500	250
울산시	21	51,763	1,712	18	6,551	1,819	1	230	50
경기도	1,276	1,575,637	147,197	351	173,858	25,037	42	1,612	425
강원도	163	355,077	6,561	79	21,691	3,389	60	8,426	3,051
충청북도	138	134,077	7,905	222	124,324	18,764	11	908	530
충청남도	20	47,668	2,262	199	47,527	113,892	600	725	–
전라북도	170	197,895	4,506	35	23,122	2,535	–	–	–
전라남도	467	103,092	2,593	142	63,548	4,927	2	135	1,200
경상북도	927	64,738	2,783	144	25,332	12,689	1,464	34,587	15,209
경상남도	29	75,710	2,378	175	53,815	18,304	17	5,075	2,030
합계	7,015	4,783,173	284,170	2,700	732,149	450,910	2,947	74,264	33,698

4. 도시농업의 기대효과

정부는 「도시농업의 육성 및 지원에 관한 법률」(2012)의 제정 이유에 대해 도시민의 정서 순화, 도시 공동체 회복에 기여, 도시농업에 대한 체계적인 지원, 저탄소 도시환경 조성, 도시민의 농업은 물론 농촌에 대한 이해를 증진함을 목적으로 삼는다고 명시[15]하였다.

이는 한국농촌경제연구원에서 조사한 다원적 기능에 대한 가치평가의 내용[16]에서도 유사하게 나타난다. 조사결과를 살펴보면 도시민들은 도시농업을 통해 직접적(신선, 안전한 농산물을 자족적으로 수급, 농업에 대한 체험 기회 획득, 아동들에게는 학습의 기회 확대, 지역에 아름다운 경관 조성) 효과와 간접적(시가지의 과밀화와 재해를 방지, 휴식, 여가, 정서함양의 효과, 생물다양성 유지, 농업과 관련한 전통문화 유지, 계승) 효과에 대해서 잘 이해하고 있는 것으로 보인다.

특히, 시민들은 도시에서 농사를 짓는 행위, 그것이 비록 경제적 이윤을 목적으로 하지 않는다고 할지라도 도시농업이 주는 다원적 효과에 대해 긍정적으로 생각하고 있으며 이를 받아들이고 이해하고 있다는 것을 알 수 있다.

조사[17]에 따르면 신선, 안전한 농산물 공급(26.6%), 휴식, 여가, 정서함양 기능(23.5%), 농업에 대한 체험기회 제공(18.8%) 등의 순위로 도시농업의 다원적 기능에 대해 인지하고 있으며, 작은 수치이지만 생물다양성 유지 기능에 대한 긍정적 효과에 대해서도 인지하고 있다.

---

15) 「도시농업의 육성 및 지원에 관한 법률」, 제정이유 부분, 2012.05.
16) 한국농촌경제연구원, 도시농업의 비전과 과제, 2012.
17) 한국농촌경제연구원, 도시농업 실태조사, 2010.

<표 5> 도시농업의 다원적 기능 중 우선순위

구분	남자		여자		합계	
	명	%	명	%	명	%
신선, 안전한 농산물 공급	125	12.7	137	13.9	262	26.6
농업에 대한 체험기회 제공	98	10.0	87	8.8	185	18.8
어린이에게 학습기회 제공	80	8.1	69	7.0	149	15.1
지역에 아름다운 경관 형성	30	3.0	31	3.2	61	6.2
시가지의 과밀화를 방지하는 기능	15	1.5	21	2.1	36	3.7
재해를 방지하는 기능	1	0.1	5	0.5	6	0.6
휴식, 여가, 정서함양 기능	117	11.9	114	11.6	231	23.5
생물다양성 유지 기능	9	0.9	10	1.0	19	1.9
농업과 관련한 전통문화 유지, 계승	20	2.0	13	1.3	33	3.4
기타	–	–	2	0.2	2	0.2
합계	495	50.3	489	49.7	984	100.0

Ⅲ 도시농업과 생물다양성

1. 유전적 다양성과 도시농업

한국은 2002년 국제신품종보호동맹에 가입함으로써 2012년 1월을 기점으로 모든 식물이 품종보호대상이 되었다. 한마디로, 외국의 품종을 사용하면 로열티를 지불해야 한다는 것이다. 다국적 농업자본인 카길, 몬산토와 같은 '글로벌' 기업이 전 세계 종자시장의 1/3을 지배하고 있는 시점에서 유전적 다양성의 회복이 무엇을 의미하는지 고민해 볼 필요가 있다. 그것은 효율성과 합리적인 자본주의 논리에 입각한 고려라 할 수 있다. 로열티를 내면서 유전자조작 등으로 오염되어 있는 제한적인 종자를 사용한다는 것은, 작게는 식탁 위의 단조로움을 야기하지만 크게는 반(反)생물다양성 행위라 할 수 있다. 때문에 지금 국내 도시농업이 역점을 두어 실행하고 있는 '토종 종자' 나눠주기와 같은 활동들은, 환경파괴로 인하여 자국 서식지에서 사라져 가는 토종 종자들의 부활이라는 측면도 있지만, 궁극적으로는 유전적 다양성을 회복하는 데 기여하는 일이라고 할 수 있다.

이번 생물다양성 총회의 핵심의제인 생물다양성 20대 목표(2020 글로벌 생물다양성 목표 – Aichi Biodiversity Targets)를 살펴보면 이러한 목적이 매우 뚜렷함을 알 수 있다. 총회에서 말하고자 하는 유전적 다양성이란 서식지(지역)의 회복과 함께 토종작물들의 복귀를 고려함으로써 확보할 수 있는 것이다.

또한 중요하게 봐야 할 부분은, 금번 총회에서는 유전자 변형 생물체(GMO)의 안전한 이동, 취급 이용에 대한 국제적 기준을 마련하여 우리의 인체 및 환경에 미치는 악영향을 방지할 목적으로 '제7차 바이오안정성의정서 당사국회의'가 열린다는 사실이다.

총회에서 이야기 하는 생물다양성이란 결국 유전적 다양성에서 자유로울 수 없다. 특히, 한국과 같이 급격한 산업화와 도시화로 인하여 동·식물의 서식지가 파괴되고 사라진 작금의 현실에서 이번 총회가 던지는 '생물다양성' 확보라는 화두는 기존에 서식하던 종의 부활과도 일맥상통한다.

다국적 농업자본이 잠식한 종자시장은 생물다양성의 위기를 보여주는 축약판과도 같다. 이러한 위기 속에서 도시농업은 서식지를 회복하고, 유전적으로 다양한 종자들을 확대시키고 보급한다는 점에서 대안이 될 수 있다.

---

18) 환경부 블로그(http://blog.naver.com/mesns)

<표 6> 2020 글로벌 생물다양성 목표 – Aichi Biodiversity Targets

구분	내용[18]
전략A (잠재요인 관리)	1) 이해관계자 인식 제고 2) 생물다양성과 국가 계획 연계 3) 유해 인센티브 폐지 4) 계획수립이행단계에 이해관계자 참여
전략B (직접부담 관리)	5) 서식지 손실 저감(손실비율 50%) 6) 지속가능한 어로행위 7) 지속가능한 농업, 양식업, 임업 8) 생태계, 생물다양성 오염원 관리 9) 외래종 관리 강화 10) 기후변화 취약생태계 부담 최소화
전략C (생물다양성현상태)	11) 보호지역 확대 12) 멸종위기종 관리 13) 작물, 가축 등의 유전적 다양성 증진
전략D (이익증진)	14) 생태계 서비스 이용 증진 15) 생태계 복원(15% 이상) 16) 나고야 의정서 대응
전략E (이행)	17) 국가생물다양성전략 수립 18) 전통지식의 보호 19) 과학기술 공유, 이전 20) 재원확충

그것이 가능한 이유는 국내 도시농업은 대중을 위한 농업운동에 뿌리를 두고 있다는 점과 안전한 먹을거리가 최대 화두가 된 이 시대상을 반영하고 있기 때문이다.

한국 도시농업에서 이러한 토종 종자를 복귀시키기 위한 노력은 흔하게 찾아볼 수 있다. 2008년 씨드림 정기모임(자조모임)에서는 도시농부학교 수강생 등에게 토종 종자의 가치와 확산의 필요성에 대해 교육을 했다. 또한 도시농업에 대한 개념이나 정의가 정립되지 않았던 2005년부터 도시농업에 헌신적이었던 도시농업관련 사회단체들은 '농부학교', '도시농업학교' 등을 통해 도시농업인을 길러내고 토종 종자의 정착을 돕고 있다. 뿐만 아니라 인천도시농업네트워크에서는 2014년부터 '1텃밭 1토종 농사' 캠페인을 통해 토종 종자를 도시에 안착시키기 위한 활동[19]을 벌일 예정이다.

도시농업을 통한 토종 종자의 확대 및 보급은 시민사회 단체, 농업단체 등을 중심으로 지속적으로 확대되어 가는 양상이다.

도시농업에 대한 욕구가 높아진 거주민들을 위해 지자체도 발 빠르게 움직이고 있다. 관이 후원하는 도시농업 관련 행사에서 토종 벼, 토종 무 등의 종자들을 나누어주는 이벤트는 새롭지는 않지만 일반시민들이 자연스럽게 토종 종자를 접하고 이를 도시농업에 활용할 수 있게 한다는 점에서 매우 긍정적인 결과를 보여주고 있다.

실례로, 지난 2012년 용산구 이촌동에 위치한 도시농업공원 노들텃밭에서 이루어진 '토종 논 벼베기 행사'[20]는 도시민들이 자연스럽게 국내 토종 종자를 접하고, 이를 수확하는 등의 체험을 경험한다는 점에서 주목할 만한 사례였다.

토종 벼 전경   토종 벼 베기

〈그림 2〉 도시농업공원 노들텃밭 토종 벼 첫 수확

---

19) 인천도시농업네트워크, 1텃밭 1토종 농사를 제안합니다, 2014.3.
20) 서울시, '서울의 제1호 도시농업공원 노들텃밭, 토종벼 첫 수확', 2012.10.12.

도심 속 도시농업이 확대되고, 그에 대한 정보가 다양해질수록 도시농업을 바라보는 일반 시민들의 시각도 다양해져 가고 있는 것이 사실이다. 농부, 요리사, 장인, 아티스트, 코디네이터 등이 함께 도시형 음식문화장터 마르쉐@[21])에서도 토종 종자를 판매하는 것을 심심치 않게 볼 수 있다는 것으로 짐작하건대 도시농업이 실질적으로 도심 속 서식지의 회복과 유전적 다양성에 기여한다고 할 수 있다.

마르쉐 전경　　　　　　　　토종 종자 판매

〈그림 3〉 도시형 음식문화장터 마르쉐의 토종종자 판매

2. 생물종 다양성과 도시농업

아인슈타인은 꿀벌이 사라지면 인간도 4년 안에 멸종한다는 가설을 제시한 바 있다. 세기적 천재의 가설은 점차 현실화되어 가고 있다. 지난 2005년 미국에서 벌들이 집단 폐사하는 '벌집군집붕괴현상(CCD, Colony Collapse Disorder)'이 발생했다. 명확한 이유는 밝혀지지 않았다. 그리고 지난 2010년 벌의 집단폐사는 국내에서도 낯선 일이 아니게 되었다. 전국 3만여 농가에서 사육한 토

---

21) 마르쉐@는 여성환경연대, 마리끌레르, 문화예술위원회 아르코미술관이 공동으로 주최하고 있으며, 음식을 매개로 생산자와 소비자가 직접 만나 사고파는 도시형 장터를 의미한다.(출처 : http://marcheat.net/).

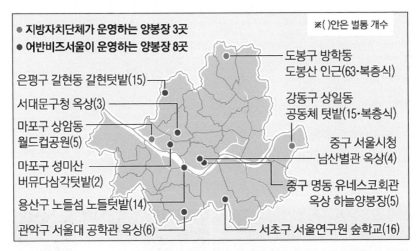

- ● 지방자치단체가 운영하는 양봉장 3곳
- ● 어반비즈서울이 운영하는 양봉장 8곳

※( )안은 벌통 개수

- 은평구 갈현동 갈현텃밭(15)
- 서대문구청 옥상(3)
- 마포구 상암동 월드컵공원(5)
- 마포구 성미산 버뮤다삼각텃밭(2)
- 용산구 노들섬 노들텃밭(14)
- 관악구 서울대 공학관 옥상(6)

- 도봉구 방학동 도봉산 인근(63·복층식)
- 강동구 상일동 공동체 텃밭(15·복층식)
- 중구 서울시청 남산별관 옥상(4)
- 중구 명동 유네스코회관 옥상 하늘양봉장(5)
- 서초구 서울연구원 숲학교(16)

〈그림 4〉 서울시내 도시양봉장[22]

종벌의 95%가 낭충봉아부패병으로 인하여 집단 폐사하는 사태가 발생했기 때문이다. 이러한 벌들의 집단 죽음은 생태계 파괴의 전조로 사람들에게 큰 두려움을 주고 있다.

하지만 이런 벌들이 도시농업을 통해 다시 증가하고 있다면 믿을 수 있겠는가.

2006년 프랑스양봉협회에서 조사한 바에 따르면 꿀벌의 생존율은 도시(62.5%)가 농촌(40%)에 비해 높은 것으로 나타났다. 도시농업을 통해 녹지 공간이 증가하고 수분의 필요성으로 인하여 도심 속 사람들은 잊고 있던 벌을 다시 찾고 있다. 현재 서울시내만 하더라도 도시농업이 시작된 이후 생긴 도시양봉장이 148개에 이른다.

도시농업의 확산은 이렇게 사라질 위기에 놓여있는 생명들을 하나씩 도시로 불러오고 있다. 벌의 등장은 도시나 농촌이라는 공간에 관계없이 식물이 자라고 성장하는 데 있어 필수적인 순환을 시민들이 인지하고 이를 받아들이고 있는 지표라 할 수 있다.

더욱이 이들이 도시로 돌아올 수 있었던 것들은 지금의 도시가 그들이 살 수 있는 정도의 서식지 수준으로 회복되고 있기 때문이라 할 수 있다. 여기에는 다양한 이유가 있을 수 있을 것이다. 하지만 핵심은 도시농업이 웰빙, 안전한 먹을거리 등이 중요해진 시대의 흐름에 따라 친환경, 유기비료 등 생태적인 농업을 지향할 수밖에 없었기 때문이라는 점이다.

이렇듯 생태적인 농업방식으로 성장하고 있는 도시농업은 도시민들에게 안전한 먹을거리와 건강한 음식, 질 좋은 삶의 환경을 제공할 뿐만 아니라, 도시화와 산업화로 인한 환경파괴로 서식지를 잃고 도시 밖으로 내쫓겼던 생물체들의 귀환을 돕고 있다.

Ⅳ 생물다양성 증진에 기여하는 도시농업의 사례

1. 서울시 노들섬 도시농업공원 – 논

용산구에 위치한 '노들섬 도시농업공원'의 체험장 규모는 20,000㎡이며, 서울시민이면 연 2만원을 지불하고 6.6㎡(2평)의 땅을 분양받아 텃밭을 운영할 수 있다. 기본방침은 화학비료, 농약, 비닐멀칭 등을 사용하지 않는 친환경 농업을 지향한다.

---

22)《서울신문》, '벌벌 떨지마… 벌이 살아 별이 산다', 2014.05.24.

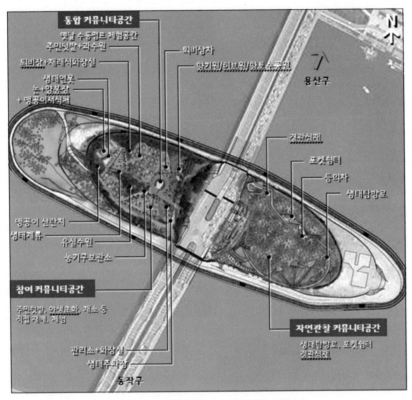

〈그림 5〉 노들섬 도시농업공원 기본계획[23]

노들섬 도시농업공원을 특별히 주목할 필요가 있는데, 이는 텃밭에 관한 교육, 체험, 실습, 경작과 생산물의 공동수확이라는 체험을 통합적으로 제공한다는 점에서 기인하는 것이 아니라 토종 벼를 활용한 논을 구현해 놓았다는 점 때문이다. 논은 가장 오래된 인공습지로써, '일용할 양식'인 쌀이 자라는 곳이기도 하지만 다양한 생물들의 서식지이기도 하다. 또 200여 종이 넘는 수서생물들이 기거할 수 있는 은신처[24]이기도 하다. 아스팔트와 보도블록으로 대변되는 도심 속에서의 논의 등장은 쌀이 쌀나무에서 열리는 것으

---

23) 서울시, 노들섬에서 광화문까지… 도시농업 바람, 2012.02.12.
24) 《함께 사는 길》, 논이야말로 습지다, 2008.10.

로 아는 어린이들을 제대로 일깨울 수 있는 교육의 현장이 마련됐다는 의미이기도 하지만, 아스팔트와 보도블록에서는 결코 살 수 없는 다양한 생물들을 위한 서식지가 새롭게 출현했다는 뜻이라고 할 수 있다.

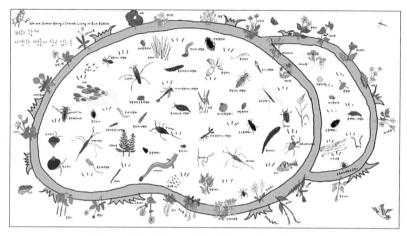

〈그림 6〉 벼와 함께 다양한 생물들이 살고 있는 논[25]

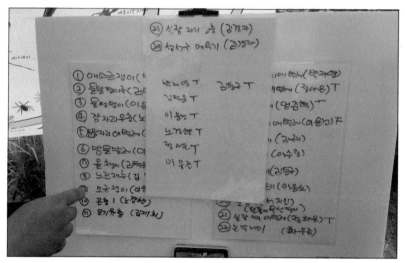

〈그림 7〉 벼와 함께 다양한 생물들이 살고 있는 논 – 노들섬에서 실제 발견된 생물들[26]

---

25) 아이쿱생협 블로그(http://blog.naver.com/icoopkorea/).

2. 서울시 성미산 버뮤다 삼각텃밭 – 밭

마포구 상암차고지 옆에 위치한 성미산 버뮤다 삼각텃밭(이하 삼각텃밭)은 도심에 있는 몇 안 되는 '도심형 텃밭'이다. 마포구에서는 상암두레텃밭 (2012)에 이어 마포 공동체텃밭2호이기도 하다. 이곳은 (사)여성이 만드는 일과 미래에서 마포구청의 땅을 마포구 내 단체에게 위탁을 주는 과정에서 성미산 마을의 대안학교인 성미산 학교와 함께 주민과 학생들이 운영하는 '교육형 텃밭'으로 조성되었다. 삼각텃밭은 성미산 학교의 중등과정학생들이 2013년 2월부터 운영을 시작했다.

타 교육형 텃밭과 달리 학생들이 직접 텃밭의 모습을 구상하고, 이를 위해 필요한 흙고르기, 도랑파기 등의 실천들이 이루어졌다. 어른들이 주도하는 '교육용 텃밭'이기보다는 학생들이 교육의 주체가 되는 '학습용 텃밭'인 것이다.

이 '학습용 텃밭'은 도시농업에서 중요하게 여기는 전형적인 생태농법을 지향한다. 본격적으로 농사를 시작하기 전, 비료를 뿌리 지력을 높이는 일은 물론 생태화장실, 친환경적인 퇴비함 등 자연친화적인 농업을 시도하고 있다. 대표적인 예가 비닐 대신 잡초로 하는 멀칭이다. 도시농업이라고 해도 처음에는 기존의 농법대로 비환경적인, 비닐로 멀칭을 했다. 하지만 뽑아서 버려지는 잡초들이 불쌍하다며 땅을 비닐 대신 잡초로 덮는 한 아이의 선한 연민이 변화를 일궈냈다. 영양분이 없어 작물이 잘 자랄 수 없는 땅에 잡초는 양분이 되고, 땅은 아이에게 작물을 선사한다. 아이의 선한 의지가 자연의 규칙에 따라 건강하게 순환되고 있는 것이다.

---

26) 한살림 내부 자료..

텃밭을 통한 생물다양성의 증대는 아이와 같은 선한 의지, 즉 인간성의 회복에 일조한다. 이는 지역의 사회적 신뢰를 회복하고 다양화하는 에너지의 원천이다. 이러한 에너지를 바탕으로 생태계 서비스는 작동할 수 있게 되는 것이다. 따라서 현재 무조건 '도시텃밭'이라는 이름 아래, 쌀이 나무에서 열리는 줄 아는 학생들을 위한 단순한 견학과 관찰 위주로 이루어지는 교육은 지양해야 한다. 학생들이 텃밭을 중심으로 주변의 관계를 인지하고 도움을 주고, 나눔을 자연스럽게 체득하는 것이 도시농업의 진정한 교육적 가치인 것이다.

〈표 7〉 성미산 버뮤다 삼각텃밭 발견 생물

구분	작물(22종)	잡초(15종)	곤충(11종)
성미산 버뮤다 삼각텃밭 발견 생물[27] (작물/잡초/곤충)	가지, 갓, 고구마, 고추, 근대, 당근, 대파, 딸기, 땅콩, 무, 배추, 상추, 시금치, 쑥갓, 아욱, 알타리무, 오이, 옥수수, 토란, 토마토, 호밀, 호박	강아지풀, 나도닭의덩굴, 닭의장풀, 돌피, 망초, 명아주, 바랭이, 방동사니, 소리쟁이, 쇠비름, 여뀌, 왕고들빼기, 질경이, 토끼풀, 환삼덩굴	28점무당벌레, 노래기, 명주잠자리, 실베짱이, 섬서구메뚜기, 썩덩나무노린재, 왕귀뚜라미, 장수말벌, 칠성무당벌레, 톱다리개미허리노린재, 흰제비불나방

3. 경기도 고양시 주엽초등학교[28] – 숲, 논, 밭

도시농업을 통해 도심 내 생물의 다양성을 늘리고자 하는 활동은 도시농업이 제도화되어 도시 내 안착되기 이전부터 진행되어온 일 중의 하나였다. 그것이 바로 비오톱(Biotope)을 활용한 소생물권 조성 운동이다. 서울시의 경

---

27) (사)여성이 만드는 일과 미래 내부 자료.
28) 韓國敎育施設學會誌(2008.05), 아이와 자연이 함께 어우러져 좋은 곳 학교 비오톱

우, 2000년부터 「국토의 계획 및 이용에 관한 법률」 제27조 제2항에 정한 '도시관리계획의 입안을 위한 기초조사'의 일환으로 매 5년마다 실시되는 도시생태현황 조사를 통해 비오톱 등급을 결정[29]하게 되어있다.

비오톱을 문자 그대로 풀어보면, 그리스어로 생명을 뜻하는 비오스(bios)와 땅을 뜻하는 토포스(topos)의 합성어로 '생물이 살아갈 수 있는 최소 단위'를 의미한다. 크게는 산지, 습지 등의 자연환경을 비롯해 작게는 논밭이나 집안의 정원까지 비오톱의 유형은 다양[30]하다. 법적[31]으로 비오톱은 특정한 식물과 동물이 하나의 생활공동체를 이루어 지표상에서 다른 곳과 명확히 구분되는 생물서식지를 의미한다.

비오톱에 대해 생명의 숲 이수현 사무처장은 "비오톱의 활용이란 녹색공간의 확대 이상으로 도시 내 야생공간 조성, 환경교육 공간의 활용, 시민참여형 조성 등이 가능한 공간이기에 사회적 의미가 더 크다"고 강조[32]했다.

〈그림 8〉 자연보호 및 서식지 복원을 하는 비오톱(Biotope) - 일본 비오톱 옥상녹화 조감도[33]

---

29) 서울시 주택, 도시계획 부동산, 마곡사업 부분(http://citybuild.seoul.go.kr/archives/4375).
30) 백운산 생태숲(http://bwmt.gwangyang.go.kr).
31) 서울특별시 도시계획조례 제24조..
32) 아파트관리신문, '도시 내 소생물권 조성 운동 활성화해야', 2006.11.20.
33) 조경시공, 일본 비오톱 옥상녹화 조감도, 2003.5－6월.

도심 내 자연서식지 복원이라는 측면에서 비오톱이 갖는 의미는 크다. 바로 환경복원이라는 가능성 때문이다. 비오톱과 주변 지역 사이에 여러 가지 생물이 존재하고, 작은 비오톱이라도 지역에 많이 생기면 그것이 네트워크가 되어 생물체의 활동범위는 확장될 수 있다. 이러한 점에서 선으로 이어지는 네트워크를 통해 생물체의 종류와 개체수가 풍부[34]해질 수 있다.

작은 생태계 그 자체라고도 할 수 있는 이러한 비오톱은 도심 내 생물다양성이 증가하는 데 좋은 모태가 될 수 있다. 더불어, 이를 어린이들의 교과과정과 연계한다면, 종의 부활, 서식지의 복구 등과 같은 어려운 의미를 길게 설명하지 않더라도 아이들에게는 생태적이고 환경적인 교육이 자연스럽게 이루어질 수 있다.

다양한 생물이 서식하는 비오톱의 계절에 따른 변화는 학생들에게 자연스럽게 자신을 둘러싸고 있는 환경에 대한 이해와 그에 대한 존중으로 이어질 것이다. 탄생, 발아, 생장, 개화, 열매, 수확 등 일련의 과정 속에서 일어나는 변화를 통해 이러한 가치를 경험하고 인지한다면, 이는 가장 자연스럽고 강력한 생물 다양성 교육이 될 것이다.

예로써 주엽초등학교 사례를 들 수 있다. 고양 신도시 내 호수공원과 생태축을 같이하는 주엽초등학교는 2003년부터 2005년까지 3년간 단계적으로 학교 비오톱을 조성했다. 주엽초등학교 비오톱은 1)기획 설계부터 아동들의 눈높이에 맞추어 진행, 2)아동들의 자연 친화력을 높여주는 숲, 텃밭, 논, 생태습지, 계류, 퇴비장으로 구성, 3)나비, 잠자리, 개구리, 새 등의 동물들이 고양시 신도시 생태축과 네트워크 되어 형성될 수 있도록 조성, 4)위의 축을 교육과정 중심의 생태학습 적합 환경으로 구성, 5)학교 비오톱 속에 야외학습장을 조성하여 교육활동과 쉼터로서의 역할을 강화하고자 만들어졌다.

---

34) 韓國敎育施設學會誌, 아이와 자연이 함께 어우러져 좋은 곳 학교 비오톱, 2008.05.

〈표 8〉 주엽초등학교 학교비오톱 개요

구분		내용	비고
명칭		주엽초등학교 학교숲[35]	생태교실로 활용
주소지		경기도 고양시 일산서구 주엽동 100	
조성 시기	터 일구기	2003.10.11.~2003.12.23.	
	보식기	2003.12.24.~2005.02.28.	
	활착기	2005.03.01.~2006.02.28.	
면적		1,240㎡(376평)	야외 학습장 1개소 포함
지원금		총 13,000만원 (고양시청 1억원/생명의 숲 3,000만원)	

〈그림 9〉 주엽초등학교 학교비오톱 조성 전경

---

35) 韓國教育施設學會誌, 아이와 자연이 함께 어우러져 좋은 곳 학교 비오톱, 2008.05.

학교 내 작지만 그 나름의 생명적 질서와 완결성을 갖는 비오톱을 조성하면 도감이나 '슈퍼마켓'에서는 도저히 구할 수 없는 다양성을 학생들에게 제공한다. 뿐만 아니라 비오톱의 조성은 도심 내 서식지의 복구라는 측면과 다양성 복원이라는 측면에서 다양한 생물의 군락이 서식하는 데 기여할 수 있을 것이다.

Ⅴ 시사점

도시에서 농업을 하는 시민들은 씨를 뿌리고 열매를 맺는 과정에서 벌, 나비, 지렁이, 땅강아지 등이 징그럽고 위험한 것이 아니라 꼭 필요한 생명체들임을 인정하게 된다. 도시농업을 실천하면서, 도시생활에 필요성을 느끼지 못했거나 무감각했던 생물들이 실상은 나의 삶을 보다 좋게 만드는 데 일조하고 있다는 사실에 공감하게 된다. 이러한 인식의 확산이 도시농업을 통한 생물다양성의 회복과 증진에 기여하게 되며, 도심 속 텃밭에는 이를 서식지로 하는 다양한 생물들이 모여들게 될 것이다. 도시농업을 통한 생물다양성 회복은 결국 생태계 서비스 증대와 연결되어 있다. 생태계 서비스[36]라 함은 자연 생태계와 이를 구성하는 종들이 인간의 삶을 지탱하고 충족시키는 조건과 과정이며, 생태계 재화(음식물 등)와 서비스(폐기물 동화 등)는 생태계 기능으로부터 인간이 직간접적으로 얻는 편익이다. 생물다양성의 증대는 생태계 서비스를 증가시킬 수 있으며, 이는 결국 인간을 위한 직간접적인 편익이 된다. 도시농업을 통한 생태계 서비스는 생태계 서비스의 4가지 서비스 유

---

36) 제12차 생물다양성 당사국총회 공식 블로그(http://blog.naver.com/2014cbdcop12/220012377769).

형[37]) 중 서식지 및 지원 서비스, 문화 서비스 부분에 집중되어 있다. 서식지 및 지원 서비스는 서식환경을 제공하고 유전적 다양성을 보전(유전자 pool 의 보호)한다는 것을 의미하며, 문화 서비스는 교육적이고, 여가·문화체험, 환경보호 등을 포괄한다는 점 때문이다. 이러한 점들은 도심 내 서식지의 회복을 근간으로 한 교육과 체험을 통해 문화 속에 내재화한다. 이를 통해 인간은 비인간적인 시간에서 탈피하여 절기에 따라 탄생과 죽음을 맞이하는 자연의 속도로(slow – culture) 재편입된다.

실례로, 마포 공동체텃밭 제2호인 '성미산 버뮤다 삼각텃밭'의 경우 도로 바로 옆 나대지(버려진 땅)에 불과했다. 하지만 성미산 학교 및 학생들을 중심으로 마포구, (사)여성이 만드는 일과 미래, 목동협동조합 등이 합심하여 서식지의 회복에 도전했다. 돌과 쓰레기를 치우고, 땅의 지력을 높이는 등의 '서식지 회복' 단계를 거쳐 농작물이 자랄 수 있는 땅으로 일구었다. 텃밭을 살리고 작물을 키워내기 위해 뭉친 공동체들 역시 무관심과 개별화에서 치유되고 있었다. 텃밭의 복원은 도심 내 서식지의 부활을 통해 다양한 생물들의 귀환을 돕는 것은 물론 도시에서 '인간으로서' 잃었던 서식지 즉, 지역공동체라는 든든한 버팀목을 만들어 주고 있다. 이것이 바로 도시농업이 인간에게 주는 생태계 서비스인 것이다. 이러한 생태계 서비스의 양적·질적 확대는 사회적 믿음을 회복하고 형성해 간다는 점에서 궁극적으로 사회적 자본이 될 수 있다. 이렇듯 도시농업은 생물다양성을 회복하고, 이는 생태계 서비스의 증대를 의미하며, 이는 사회적 자본으로 적층되어 전달될 수 있다는 점에서 매우 중요하다. 이 중요한 것이 30㎝가 조금 넘는 텃밭상자에서도 시작될 수 있다.

---

37) 생태계 서비스는 크게 공급 서비스, 조절 서비스, 서식지 및 지원 서비스, 문화 서비스로 구분된다.(제12차 생물다양성 당사국총회 공식 블로그: http://blog.naver.com/2014cbdcop12/220012377769).

도시농업은 산업화와 도시화로 인하여 사라졌던 서식지의 회복을 가능하게 하는 하나의 방법이며, 서식지의 회복과 사라졌던 생물들의 회귀는 인간의 삶의 질을 높이는 데 기여한다. 결국 도시농업은 생태계서비스를 증진하게 되며, 도시의 지속가능성을 높이는 실천이기도 하다. 이러한 이유에서 향후 도시농업은 도시농업이 가진 다원적 가치 중에서 특히 생물다양성 증진 활동에 더욱 주목해야 한다. 토종씨앗을 책처럼 빌리고 다시 반납하는 토종씨앗 도서관 만들기 활동, 생물다양성을 증진시키는 학교텃밭, 공동체텃밭 등의 텃밭작물 모델 개발, 원전1기 줄이기 활동을 도시농업과 연계한 생물다양성 회복운동으로 확산하기, 도시농업 생물다양성투어와 같은 프로젝트를 개발하여 활성화한다면 도시의 생물다양성 보전에 크게 기여할 것이다.

울콩

율무

자유학년제와 도시농업

요즘 농업의 공익적 가치가 자주 회자된다. 도시농업을 통해 공익적인 가치를 더욱 높이는 방법 중의 하나는 교육과 접목하는 것이다. 농생명 분야를 포함한 도시농업 교육은 도농상생을 지속가능하게 하는 필요충분조건이라는 인식의 폭을 넓혀 줄뿐만 아니라 다가 올 미래에 대한 대비책이다.

한국과학기술원(카이스트) 보고서에 따르면, 10년 후 미래는 생산자가 소비자의 요구를 실시간으로 받아들이는 개인맞춤형 생산이 확대되고, 환경친화성에 대한 요구가 높아질 것이라고 한다. 또한 미래의 생산과 소비를 풍요롭게 하고 지속가능한 순환경제를 위해서는 신뢰와 상호협력 문화 조성, 환경윤리의 확립이 중요함을 강조하고 있다. 미래에는 사회적인 융합이 더욱 필요한 시대이며 융합이 잘 되기 위해서는 각자도생이 아닌 협력과 배려를 중시하는 교육이 필요하다. 상호협력과 배려는 물론이고 자기주도 학습과 질문을 통해 창의력을 키울 수 있는 곳은 도시농업 현장이다.

2018년부터 전국 3,210개 중학교의 46%에 해당하는 약 1,500개 학교에서 자유학년제가 실시된다. 자유학년제는, 중학교 1학년 1학기에서 2학년 1학기까지, 3개 학기 중 한 학기를 운영하는 자유학기제를 한 학기 더 연장하여 1년간 운영하는 것이다. 170시간 이상 했던 활동이 최소 221시간으로 확대된다. 자유학년제가 제대로 안착되기 위해서는 자유학기제 시행기간에 제기되었던, 양질의 진로체험 공간 부족 문제를 시급하게 해결해야 한다.

'진로탐색텃밭' 조성과 프로그램 운영이 진로체험 공간 부족 문제 해소에 도움을 줄 수 있다. 진로탐색텃밭은 도시텃밭을 다양하게 해주고 도시농업의 공익적 기능도 높여준다. 자유학년제라는 제도를 적극 활용하여 도시농업을 포함한 농생명 진로탐색 프로그램을 연구하고, 개발된 프로그램과 체험 규모에 맞는 진로탐색 전문텃밭을 조성하자. 지역사회가 보유한 인적·물적 자원을 청소년들의 교육활동에 직접 활용하여 수준 높은 교육기회를 제공하는 교육기부에도 동참하자.

진로탐색텃밭 조성과 운영은 도시농업관리사 일자리 창출에도 큰 도움이 된다. 자유학년제 실시로 학력 저하를 우려하는 학부모의 불안감을 덜어주고, 도시농업의 교육적 효과를 새롭게 인식시키려면 적극적인 홍보가 필요하다. 재배현장 체험을 한 학생들에게서는 자기성취감 및 자기주도 학습력 신장, 창의력 향상, 자아존중감 증진 등 다양한 효과가 나타난다. 이렇게 의미 있는 도시농업 관련 연구결과와 정보를 학부모와 교사에게 알릴 수 있는 기회를 만들어야 한다.

중학교 1학년이 고등학교를 졸업하는 7년 후의 미래, 더 나아가 대학교를 졸업하는 11년~13년 후에 다가올 미래사회에 대하여 거시적이고 전문적인 정보를 제공함으로써 현재의 농생명 분야 진로탐색이 미래의 생활과 진로에 도움이 된다는 것을 인식할 수 있도록 해야 한다. 세계적인 '투자의 귀재'로 불리는 짐 로저스 로저스홀딩스 회장은 2014년 서울대 경영대 MBA 과정 학생들에게 "앞으로 20~30년 안에 농업이 가장 수익성 높은 사업 영역이 될 것"이라고 한 바 있다. 서울대 보건대학교 조영태 교수는 "제가 31세에 교수가 됐는데 그건 인구구조 덕분"이라며 "비슷한 이유로 제 딸에게도 농고에 가라고 설득하고 있습니다"라고 하면서 농업의 '희소성의 가치'에 대해서 언급했다. 진로를 고민하고 있는 청소년과 학부모에게 유익한 정보가 아닐 수 없다.

농생명산업은 농업과학기술을 토대로 정보통신기술(ICT·Information and Communication Technology), 생명공학(BT), 문화, 예술 등 다양한 분야와 연계하여 발전할 것이다. 4차 산업혁명이 눈앞의 현실로 다가오고 있다. 머지않아 농생명 분야도 새롭게 조명을 받을 것이다. 자라나는 세대가 이런 가능성을 확인하고 깨닫는 기회와 교육의 장이 마련된다면…. 충분한 것은 아니지만, 멀리가지 않고 도시 한복판에서 농생명 분야 진로탐색을 할 수 있는 곳이 있다. 송파구 가락시장 내 가락몰 3층, 먹거리창업센터 1관 앞에는 텃밭은 물론, '꿈생산학교'(꿈을 키우는 농생명산업 분야 진로탐색 텃밭학교)라는 이름으로 체험프로그램까지 진행되고 있다.

'꿈생산학교' 체험프로그램은 도시농업기획자, 텃밭디자이너, 도시농업관리사, 퇴비전문가, 식물의사, 총 5가지 도시농업분야 진로를 체험할 수 있도록 구성되어 있다. 도시농업과 4차 산업을 접목한 텃밭로봇을 통해 정보통신 분야 진로를, 디자이너를 꿈꾸는 청소년에게는 생태감수성을 더한 그린디자이너로 진로를 확장시켜주며, 퇴비전문가를 통해 사회적경제와 환경운동가의 꿈을 가꾸고, 곤충과 식물에 관심이 많은 청소년은 식물의사의 꿈을 키울 수 있는 장소이다.

진로탐색텃밭 조성이 늘어나면, 미래세대에게 양질의 사회적 교육을 선택할 권리를 보장해주는 인프라 확충에도 크게 기여하게 된다. 또한 현장에서 하나 둘 진행되고 있는 진로탐색 프로그램을 더욱 발전시켜 전국에 보급한다면, 도시농업의 사회적 위상도 격상될 것이다. 텃밭에서 내 꿈을 만들고 찾는 과정은 곧, 나를 찾고 나의 정체성을 확립하는 일이 될 수 있다. 나는 누구이고, 세상은 어떤 세상이며, 누구와 어떻게 살 것인가? 라는 질문에서 시작하여 더 발전적인 질문으로 이어지는, 철학적 사고까지 담보하는 교육의 현장이 될 수 있기에, 도시농업은 새로운 미래교육의 주역으로 떠오르게 될 것이다.

꿈을 키우는 농생명산업 진로탐색학교, 꿈생산학교 프로그램

시간	진로체험	'꿈생산' 체험 프로그램 내용
10분	오리엔테이션	• 안전을 위한 준수사항 • 서울시농수산식품공사 소개 • 농생명분야 진로 안내
20분	도시농업문화 기획자	• 식문화선분 가락몰도서관 소개 • 그림책으로 일구는 텃밭프로그램 소개 • 도시농업문화 코너, 텃밭로봇 관람
30분	텃밭디자이너	• 자원순환형 웃는텃밭 디자인 설명 • 24절기텃밭, 과일텃밭, 피자텃밭 설명 • 칼레이도 사이클 만들기
30분	도시농업 관리사	• 식재된 텃밭작물 소개 • 래디시 씨앗카드 만들기, 모종 심기 실습 • 노래하는 빗물통 체험
30분	발효퇴비 전문가	• 샌프란시스코 퇴비순환 소개 • 작은 동물(닭, 지렁이) 퇴비 설명 • 커피퇴비 만들기 실습
30분	식물의사	• 병충해 피해 작물 찾기 • 텃밭곤충 찾아보기 • 증강현실 '무당벌레컴' 체험
20분	먹거리창업	• 서울먹거리창업센터 소개 • 푸드스타트업 소개
10분	마무리	• 궁금한 내용 질의응답 • 소감 발표

도시농업문화 기획자는

도시농업이 가진 다원적 가치를 확산하기 위하여
도시농업 박람회, 도시농업축제한마당, 텃밭콘서트, 파머스마켓 등을 기획하고
총괄하는 일을 합니다.
장소의 특성에 맞게 밭봇(텃밭로봇), 식문화도서관 도시농업코너 기획, 그림책
텃밭서원 등 도시농업 콘텐츠를 개발하여 제안하기도 합니다.

도시농업과 증강현실을 접목하여 체험을 기획할 수 있는데,
그 하나의 예가 텃밭의 익충인 칠성무당벌레가 많아지길 바라는 마음을 담은 '무
당벌레컴'입니다.
칠성무당벌레는 지구를 구하는 7가지 가운데 하나라고 합니다.
그 이유는 칠성무당벌레가 진딧물을 하루에 200~300마리 가량 잡아주어
살충제를 대체할 수 있기 때문입니다.
텃밭이 지구를 구할 수 있다는 메시지를 전달하고자 생각해 낸 아이디어입니다.

아이디어와 생태감수성이 풍부하다면 누구나 생각해 볼 수 있는 영역입니다.

TIP 도시농업은
도시의 다양한 공간에서 농작물, 수목,
화초 재배 및 곤충사육을 하는 활동으로
농업이 갖는 생물다양성 보전, 기후순화,
대기순화, 토양보전, 경관보전, 문화,
정서함양, 여가지원, 교육, 복지 등의
다원적 가치를 도시에서 실현하여
도시와 농업의 지속가능한 발전을
만들어내는 것입니다.

텃밭디자이너는

식물 용기(화분, 상자 등)와 사용 목적(자원순환, 커뮤니티 형성 등)에 맞는
텃밭을 설계하고 디자인합니다.
기능과 용도에 따른 작물 선정과 작물의 높이에 따라 심는 위치까지
다양하게 디자인하는 역할을 합니다.

24절기에 대한 이해, 24절기별 심어야 할 작물의 종류,
함께 심었을 때 서로 도움을 주는 식물, 약용작물, 허브식물 등
여러 가지 식물에 대한 지식은 텃밭디자이너에게 많은 도움이 됩니다.

조경, 원예 분야와 그린디자인, 업사이클링, 주거복지, 심리치유 등과 접목되어
수요가 확장될 수 있는 영역입니다.

자연과 평화를 주제로 사람들에게 편안한 감성을 느끼게 하는 작품
〈제공: Edina Tokodi〉

도시농업 관리사는

도시민이 도시농업에 대한 이해를 높일 수 있도록
도시농업 관련 해설, 교육, 지도 및 기술을 보급하며
농림축산식품부장관이 정하는 도시농업 관련 국가기술자격을 취득한 사람을 말
합니다.

독일의 '클라인가르텐', 영국의 '얼라트먼트 가든', 일본의 '시민농원' 모두
도심 안에 위치한 도시텃밭이며,
특히 유럽에서는 도시농업이 이미 보편화되었고,
이는 세계적 추세이므로 도시농업 관리사의 전망은 밝습니다.
도시농업 분야 사회적기업*을 운영하거나, 사회혁신 활동가, 학교텃밭강사, 셀
프재배전문가, 치유농업전문가로 활동할 수 있습니다

* **사회적기업** 취약계층에게 일자리나 사회서비스를 제공하여 지역주민의 삶의 질을 높이
는 등 사회적 목적을 추구하며, 재화·서비스의 생산·판매 등 영업활동을 수행하는 기업

발효퇴비 전문가는

도시에서 발생하는 유기성 폐기물을
도시농업용 퇴비로 자원화 하는 방법을 연구하고,
퇴비를 누구나 손쉽게 만들 수 있는 방법을 알려주는 역할을 합니다.
작은 생물이나 미생물에 관심이 많고 물리·화학적 변화에 흥미가 높거나
자원과 에너지가 순환되는 지속가능한 환경을 만드는 일에 관심이 있다면 도전
해볼 만합니다.

UN에서 2015년에 채택된 의제,
지속가능 발전 목표(Sustainable Development Goals, SDGs)는
17대 목표, 169개 세부 목표, 230개 지표를 담고 있으며,
지속가능성을 위한 세계지방정부 '이클레이' 10대 의제 중
'생산적이며 자원을 효율적으로 이용하는 도시' 분야에서
도시농업 정상회의를 조직하고 정보 공유와 정책 개발을 위한 행사들에
더욱 더 활발히 참여한다고 명시하고 있어 전망은 밝습니다.

북미대륙에서 최고의 Zero Waste City로 평가받고 있는
샌프란시스코는 지역사회 전체가
유기물(음식물쓰레기·커피찌꺼기·낙엽 등)을
버리지 않고 퇴비로 혼합하도록 하는
새로운 재활용프로그램을 설계하여
실천하고 있답니다.

식물의사는

식물의 병든 부위를 정확히 진단하고 왜 병이 들었는지,
어떻게 치료를 해야 하는지 판단하는 일을 합니다.
현미경 관찰에서부터 DNA 분석까지 최첨단 기술을 이용하여
병이 생긴 이유를 밝혀내고 어떤 식으로 치료할지 판단하고,
최종적으로 결과가 나오면 처방전을 작성합니다.
처방전을 농부님에게 쉽고, 자세하게 설명해 드립니다.

해충을 친환경적으로 방제하려면 미리 천적을 방사하거나
발생 초기에 난황유(달걀노른자, 해바라기씨유, 물 혼합제)를 뿌려
피해를 줄일 수 있도록 컨설팅을 하거나 식물병원을 창업할 수 있습니다.

지키고 가꿔야 할 토종작물

자광도벼

자색감자

지키고 가꿔야 할 토종작물

작두콩

쥐이빨옥수수

셀프재배로 여는
건강한 아침

여는 이야기

DIY 분야가 넓어지면서 좀 더 색다른 범주의 DIY가 태동해 날로 확산되고 있다. GIY, '그로우 잇 유어셀프Grow it yourself'다. '재배도 셀프'가 되는 문화 트렌드다. 영국의 경우 도시농업을 실천하는 GIY 인구가 전체 인구의 30%를 차지하고 있다. 우리나라도 머지않아 '셀프재배'가 하나의 생활문화로 자리할 것이다.

몇몇 방송 프로그램에 출연하면서 셀프재배가 생활문화로 정착하리라는 기대는 확신으로 굳어졌다. 현대인이 가장 많은 관심을 기울이는 것이 건강이기 때문이다. 끼니때마다 무엇을 먹을지 고민하며 하루에도 몇 번씩 건강에 대한 염려를 하고, 어떻게 하면 좀 더 건강하게 활기찬 생활을 할 수 있을지 생각한다.

그러나 바쁜 일상에서 지속적으로 건강을 챙기기란 쉽지 않다. 시간에 쫓기다 보면 즉석식품이나, 각종 식품첨가물에 인공 조미료로 뒤범벅된 음식으로 끼니를 때운다. 농약과 화학비료로 키워진 농산물에 젖어든다. 무심

결에 건강은 뒷전이 되고 만다. 각박한 현실에 길을 잃게 된다.

그렇다고 먹거리의 안전성 때문에 모색해보는 셀프재배가 쉬운 일도 아니다. 회색빛 도시는 재배에 활용할 자투리 공간조차 쉽게 허락하지 않는다. 설령 노는 땅뙈기 한 평이라도 있다 해서 작물 재배에 선뜻 나설 수 있는 것도 아니다. 경작 경험이 없다면 무슨 작물을 심을지, 또 심은 작물은 어떻게 키울지 걱정이 많기 마련이다. 그럼에도 불구하고 시도를 해보는 것이 중요하다. 좌충우돌일지라도 실천하다 보면 어느새 내 몸은 물론이고, 내 이웃과 환경을 보다 건강하게 만들 수 있게 된다.

작은 규모일지라도 텃밭은, 싱싱한 채소를 식탁에 올리는 일 너머, '흙냄새'를 맡으며 녹색의 싱그러움을 만끽하며 몸과 마음이 정화되고 치유되는 공간이다. 또한 자라나는 세대에게는 훌륭한 교육의 장으로 기능하고, 더 나아가 환경을 생각하며 자연의 섭리를 깨닫고 공유하는 터전이다.

참깨

청상추

셀프재배의 기본

1. 셀프재배용 흙 만들기

도시에서 셀프재배를 시작하려면 제일 먼저 '흙은 어디서 구하지?'란 생각이 들 것이다. 집에 방치된 화분이 있다면 손쉽게 그 화분의 흙을 재생해 사용할 수 있다. 먼저 비닐봉지에 담아 살균 과정을 거친다. 흙을 담는 중간 중간에 분무기로 물을 뿌려 수분을 머금게 한 다음 봉지 입구를 동여맨다. 햇빛에 내놓고 여름에는 3일, 봄·가을에는 2주일 동안 자연 살균한다. 살균된 흙에 커피찌꺼기로 만든 퇴비를 전체 흙 량의 10% 정도 넣어 골고루 섞어준다. 섞은 흙을 화분에 담고 2~3일 후에 채소 씨앗을 뿌리거나 모종을 심어 셀프재배를 시작한다.

방치된 화분 흙으로 셀프재배용 흙 만들기

비닐봉지에 담아
태양 열기로 살균

살균한 흙

퇴비
10%

섞은 흙

배수성이 좋은 인공토양

- **마사토** 화강암이 풍화된 흙
- **버미큘라이트** 화산암을 1,000℃ 안팎에서 구워낸 것
- **펄라이트** 진주암을 급격히 가열하여 공극을 많게 한 가벼운 돌

보수성이 좋은 인공토양

- **피트모스** 늪지 등에서 식물 줄기나 잎이 부식되어 축적된 것
- **부엽토** 풀이나 낙엽 등이 썩어서 된 것
- **수피** 나무껍질을 분쇄한 것

새로운 흙이 필요하다면 인터넷을 통하거나 원예가게에서 쉽게 구할 수 있다. 셀프재배용 작물에 적합한 흙의 특성을 알고 구입하면 작물을 건강하게 기를 수 있다. 판매하고 있는 대부분의 흙은 배수성과 보수성이 좋은 재료로 구성된 인공토양이다. 물 빠짐, 즉 배수성이 좋은 흙은 마사토, 질석이라 부르는 버미큘라이트Vermiculite, 펄라이트Pearlite 등이 있다. 물 지님, 즉 보수성이 좋은 흙에는 피트모스Peat moss, 부엽토, 수피樹皮·Bark 등이 있다.

지키고 가꿔야 할 토종작물

초석잠

토종무

2. 용도에 따른 흙의 특성 알기

채소 재배 및 관엽식물용 배양토

기본 배율은 흙, 보수성이 좋은 흙, 배수성이 좋은 흙을 4:4:2로 맞춘다. 분갈이 할 때 많이 사용된다. 물 빠짐이 좋아야 하는 화초류는 배양토에 마사토를 20~30% 정도 배합하여 사용한다. 다육식물은 배양토에 마사토를 40~50% 배합한다.

채소 재배 및 원예용 상토

육묘용 상토床土는 씨앗을 뿌려 모종으로 재배하기 위한 흙으로 배양토보다 입자가 곱다. 삽목(꺾꽂이)용은 영양이 많으면 뿌리가 썩으므로 비료 성분이 없는 것을 사용한다. 코코피트, 피트모스, 질석, 펄라이트 등이 분갈이 흙보다 더 많이 함유돼 있다. 영양이 많은 흙을 만들 때는 상토 50ℓ에 마사토 20~25kg, 퇴비 10kg을 섞는다. 부엽토를 사용할 때는 원예용 상토, 마사, 부엽토를 4:2:4의 비율로 섞는다.

지렁이가 만든 분변토

분변토는 보수성·배수성·통기성·보비력保肥力이 뛰어나고 토양 환경을 개선해주는 효과가 있다. 작물 성장에 필요한 요소와 유용한 미생물이 다량 포함되어 있다. 상토와 혼합하여 사용할 때는 분변토와 상토의 비율을 7:3이나 8:2로 하는 게 좋다.

흙에 넣어주면 좋은 재료

셀프재배용 흙에 숯, 달걀껍데기, 제올라이트$_{Zeolite}$ 등을 적절하게 넣어주면 작물이 건강해지고 수확량도 많아질 수 있다. 숯은 음이온과 미네랄이 풍부하고 항균효과가 있어 흙 속 잡균을 방제한다. 흙을 알칼리성으로 환원시키는 토량개량용으로 사용하면 좋다. 칼슘비료 효과가 있는 달걀껍데기를 곱게 갈아 흙에 넣어주면 흙을 중성이나 알칼리성으로 만들어준다. 제올라이트는 거름기를 잡아주는 능력, 즉 보비력을 향상시켜주므로 흙에 5~10% 섞어 재배하면 작물의 수확량이 많아진다.

토종쪽파

토종호박

3. 씨앗과 모종 올바르게 심기

흔히 농사의 반은 모종이라 한다. 흙 다음으로 신경을 써서 선택해야 하는 것이 씨앗과 모종이다. 셀프재배의 즐거움을 누리고 싶다면 좋은 씨앗과 모종을 골라 심어야 한다.

씨앗 심는 방법

씨앗은 꽃집, 화원, 종묘상이나 인터넷을 통해 구입할 수 있다. 구입 후에는 반드시 씨앗 봉투 뒷면의 사용 설명서를 확인하고 기록되어 있는 내용을 준수하도록 한다. 씨앗에 따라서는 냉장 또는 냉동고에 넣었다가 뿌려야(휴면타파休眠打破·휴면 상태에 놓인 식물이 특정 휴면 요인이 제거되면서 생육이 다시 시작되는 현상) 싹이 잘 나오는 것이 있고, 햇빛을 보아야 싹이 트는 것(광발아성)이 있다. 보리, 아로니아Aronia, 곰취 등은 휴면타파가 필요하고 상추, 스테비아Stevia 등은 광발아성 씨앗이다.

파종부터 발아까지

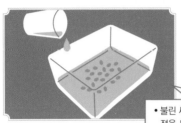

1. 씨앗 불리기

씨앗은 뿌리기 전에 3~4시간 정도 물에 푹 불려줍니다. 물에 불린 씨앗은 발아율이 높아진답니다.

• 불린 씨앗은 체에 걸러 겉이 보슬보슬해졌을 때 뿌리면 골고루 뿌릴 수 있어서 좋아요.

2. 씨앗 뿌리기

씨앗을 뿌리기 전에 물뿌리개로 물을 흠뻑 뿌려 흙을 축축하게 만들어주세요. 반으로 접은 두꺼운 종이를 이용해 깊이 5mm의 고랑을 폭 5~10cm 정도로 두 줄 만듭니다. 두꺼운 종이의 접힌 부분에 씨앗을 넣고 볼펜으로 가볍게 치면서 뿌립니다.

씨앗 심는 깊이

씨앗 크기의 2~3배 정도 깊이로 심습니다.
씨앗을 심은 후 흙은 흩어 뿌리듯 살짝 덮어줍니다.

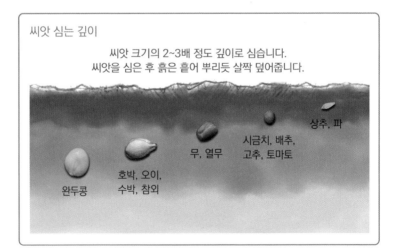

완두콩

호박, 오이,
수박, 참외

무, 열무

시금치, 배추,
고추, 토마토

상추, 파

3. 싹 틔우기

씨앗을 손가락으로 살짝 눌러 흙에 밀착시키고, 흙을 약 5mm 정도만 솔솔 뿌려줍니다. 그런 후 신문지를 덮고 분무기로 가볍게 물을 뿌립니다. 양상추·치커리·쑥갓 씨앗은 빛이 있어야 싹이 트므로 신문지를 덮지 않고 흙을 아주 살짝 덮어야 해요.

4. 물 주기

싹이 트면 신문지를 걷고 햇빛이 잘 들고 통풍이 잘 되는 곳에 두세요. 물은 흙 20 ℓ 의 화분일 경우 아래와 같이 주세요.

- 싹 튼 후 1주간 : 1 ℓ 물을 이틀에 한 번
- 싹 튼 후 1~3주 : 2 ℓ 씩 이틀에 한 번
- 싹 튼 후 3~4주 : 3 ℓ 씩 이틀에 한 번

어린잎으로 키우기

5. 솎아주기

흙이 뭉친 부분이나 시들한 싹은 핀셋을 이용해 이틀에 한 번씩 솎아줍니다.

6. 흙 보충하기

솎아낸 자리에는 흙을 보충해줍니다.

7. 영양제 주기

떡잎이 난 다음, 이제 본격적으로 본 잎이 나온 후 10~12일이 지나면 영양제를 흙이 촉촉하도록 골고루 뿌려주세요. 영양제를 주면 채소가 더욱 튼튼하게 자라고 면역력도 좋아집니다. 잎보다는 뿌리가 있는 흙에 뿌려주어야 효과가 좋습니다.

7. 영양제 주기

떡잎이 난 다음, 이제 본격적으로 본 잎이 나온 후 10~12일이 지나면 영양제를 흙이 촉촉하도록 골고루 뿌려주세요. 영양제를 주면 채소가 더욱 튼튼하게 자라고 면역력도 좋아집니다. 잎보다는 뿌리가 있는 흙에 뿌려주어야 효과가 좋습니다.

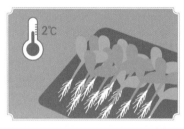

8. 수확하기

잎이 손가락 길이만큼(5~6cm) 자라면 수확할 수 있어요. 오전에 뿌리째 수확해야 싱싱하고 영양 많은 상태로 수확할 수 있답니다.

9. 보관하기

보관할 때는 2℃ 이하로 유지해야 채소의 품질이 떨어지지 않아요. 물로 씻어 보관할 때도 2℃의 찬물로 씻어 보관하고, 5일 이내에 요리해 드시는 게 좋아요.

10. 퇴비 섞기

수확이 끝난 흙에는 밑거름을 넣고 골고루 섞어줍니다. 흙 속 미생물이 활발히 활동해서 흙이 건강해져요. 퇴비의 양은 흙 부피의 10% 정도면 됩니다.

모종 심는 방법

모종을 구입할 때는 작물 이름과 품종을 확인하고 잎, 줄기, 뿌리의 상태를 잘 살펴 선택하도록 한다. 좋은 모종의 조건으로는 떡잎이 붙어 있고, 마디 사이가 짧고 튼튼한 것, 잎의 색깔이 너무 옅거나 진하지 않고 광택이 있는 것, 병해충 피해가 없는 것, 뿌리털이 잘 발달해 있는 것 등을 들 수 있다. 셀프재배 초기에는 모종을 구입하여 작물을 기르는 것이 안전하다. 그러나 2~3년차부터 씨앗을 직접 심어 모종을 내본다면 셀프재배의 즐거움이 더 커질 수 있다.

모종 심기의 기본

모종에 물을 충분히 줍니다.

❶ 먼저 모종에 물을
듬뿍 줍니다.

← 모종

모종 용기(포트) 크기만 하
게 구덩이를 팝니다.

파낸 구덩이에 물을 가득 붓
습니다.

❷ 모종 용기 크기만 하게
구덩이를 파고, 물을
가득 부어주세요.

용기에서 모종을 조심스럽
게 빼냅니다.

구덩이에 자리를 잡아 심고 손
바닥으로 눌러줍니다.

❸ 흙이 떨어지지 않게 용기에
서 조심스럽게 모종을 빼내
구덩이에 잘 자리를 잡아 심
고, 흙 표면을 손바닥으로
지그시 눌러줍니다.

배추 모종내기

봄에는 모종을 구입하여 심었다면, 가을에는 배추 모종을 직접 만들어보세요.
사용한 종이컵을 모아 배양토를 넣고 씨앗을 심어요.
숯이 있다면 가루를 내어 배양토에 섞은 후(10%) 씨앗을 심으면 더 잘 자라요!

❶ 8월 초순에 모종내기를 합니다.
❷ 종이컵 바닥에 구멍을 뚫고, 될 수 있으면 숯가루를 섞은 배양토를 넣습니다.
❸ 새끼손가락 한 마디만큼 살짝 구멍을 판 후 배추 씨앗을 2~3알 심습니다.
❹ 본 잎이 나오고 어느 정도 자라면 튼튼한 싹만 하나씩 남기고 솎아주세요.
❺ 8월말이나 9월초에 본 잎이 4~5장 나오면 텃밭에 옮겨 심습니다.

4. 채소의 분류 알기

과별 분류

식물은 꽃, 열매, 종자 등의 모양과 성질이 비슷하면 같은 과로 분류된다. 같은 과의 식물은 병충해도 비슷하므로 같은 과 작물이 무엇인지 아는 게 재배에 도움이 된다. 물론 같은 과의 작물이라도 생육조건은 서로 다르기 때문에 파종부터 수확까지 다른 양상을 보이게 된다. 셀프재배를 위해 한 달을 상순, 중순, 하순으로 나눠 그 시기를 제시해 보다면 아래 표와 같다.

(기호는 ◎ 씨뿌리기, ◐ 옮겨심기, ◑ 수확, ◉ 월동수확을 뜻한다.)

■ 배추과(십자화과) - 배추, 무, 알타리무, 갓, 열무, 양배추, 케일, 브로콜리, 배무채, 순무, 콜리플라워, 냉이, 고추냉이

작물	1월	2월	3월	4월	5월	6월	7월	8월	9월	10월	11월	12월
배추				◉				◎	◉◎	◑	◑	◑
무				◎	◎			◎	◎	◑	◑	
알타리무				◎	◎	◐		◎	◎	◑	◑	
갓				◎	◎				◎	◑	◑	◑

작 물	1월	2월	3월	4월	5월	6월	7월	8월	9월	10월	11월	12월
무			●	● ●	● ●	● ●	●		● ●	● ● ●		
양배추			●	●		● ●	●	●	●			

■ **가지과 – 감자, 가지, 토마토, 고추**

작 물	1월	2월	3월	4월	5월	6월	7월	8월	9월	10월	11월	12월
감 자				● ●			●	●	●	●		
가 지		●			●	●	● ●	●	● ●	●		
토마토		●			●	●	● ●	●	● ●	●		
고 추		●			●		●	●	● ●	●		

■ **국화과 – 상추, 쑥갓, 우엉, 치커리, 머위**

작 물	1월	2월	3월	4월	5월	6월	7월	8월	9월	10월	11월	12월
상 추				●	●	●	●	●	●	● ●		
쑥 갓				●	●	●	●	●	●	● ●		

■ 박과 – 호박, 오이, 참외, 수박, 수세미, 여주

작물	1월	2월	3월	4월	5월	6월	7월	8월	9월	10월	11월	12월
호박												
오이												
참외												

■ 콩과 – 완두콩, 강낭콩, 메주콩, 땅콩

작물	1월	2월	3월	4월	5월	6월	7월	8월	9월	10월	11월	12월
완두콩												
강낭콩												
메주콩												
땅콩												

■ 미나리과 – 당근, 미나리, 셀러리, 파슬리, 신선초, 파드득나물, 참나물, 딜

작물	1월	2월	3월	4월	5월	6월	7월	8월	9월	10월	11월	12월
당근												
미나리												

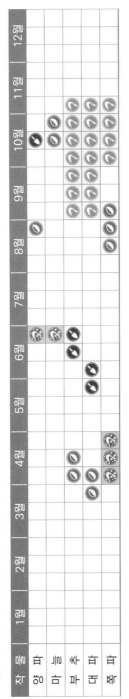

■ 명아주과 – 시금치, 근대, 비트

작 물	1월	2월	3월	4월	5월	6월	7월	8월	9월	10월	11월	12월
시금치												
근 대												

■ 백합과 – 양파, 마늘, 부추, 대파, 쪽파, 아스파라거스, 달래

작 물	1월	2월	3월	4월	5월	6월	7월	8월	9월	10월	11월	12월
양 파												
마 늘												
부 추												
대 파												
쪽 파												

■ 메꽃과 – 고구마, 공심채

작 물	1월	2월	3월	4월	5월	6월	7월	8월	9월	10월	11월	12월
고구마												

■ 벼과 – 옥수수

작물	1월	2월	3월	4월	5월	6월	7월	8월	9월	10월	11월	12월
옥수수												

■ 생강과 – 생강

작물	1월	2월	3월	4월	5월	6월	7월	8월	9월	10월	11월	12월
생 강												

■ 아욱과 – 아욱, 오크라

작물	1월	2월	3월	4월	5월	6월	7월	8월	9월	10월	11월	12월
아 욱												

온도, 빛, 수분 등에 따른 분류

* 출처 : 농촌진흥청 국립특작과학원

■ 온도 적응에 따른 채소 분류

분 류	채소 종류
호온성 채소 (따뜻한 기온에서 잘 자라는 채소)	고구마, 토란, 마, 우엉, 강낭콩, 오이, 호박, 고추, 가지 등(열매채소류)
호냉성 채소 (서늘한 기온에서 잘 자라는 채소)	상추, 미나리, 무 등(잎·줄기·뿌리 이용 채소), 완두, 잠두, 딸기, 감자

■ 햇빛 적응에 따른 채소 분류

분 류	채소 종류
강한 빛이 필요한 채소	박과 채소, 가지과 채소, 옥수수, 딸기, 양파
약한 빛에도 견디는 채소	토란, 생강, 엽채류, 파류, 머위, 부추
약한 빛을 좋아하는 채소	미나리, 참나물
어둠 속에 재배하는 채소	파, 부추, 아스파라거스 등(연백채소류)

■ 일조량에 따른 채소 분류

분 류	채소 종류
해가 길어질 때 꽃이 피는 채소	시금치, 상추, 무, 당근, 양배추, 갓, 배추, 감자
해가 짧아질 때 꽃이 피는 채소	딸기, 옥수수, 콩
해 길이에 상관없이 어느 정도 자라면 꽃이 피는 채소	고추, 토마토, 가지, 오이

■ 토양 수분 적응 정도에 따른 채소 분류

분 류	채소 종류
다소 건조해도 잘 자라는 채소	고구마, 수박, 토마토, 땅콩, 들깨, 호박
다소 습한 토양에서 잘 자라는 채소	토란, 생강, 오이, 가지, 배추, 양배추
습한 토양에서 잘 자라는 채소	연근, 미나리

■ 토양 산도 적응 정도에 따른 채소 분류

분　류	채소 종류
산성 땅에 약한 채소	시금치, 완두, 잠두, 강낭콩, 양파
산성 땅에 다소 약한 채소	양배추, 상추, 샐러리, 배추, 부추
산성 땅에 다소 강한 채소	토마토, 가지, 오이, 호박, 옥수수, 당근, 무, 순무
산성 땅에 강한 채소	수박, 토란, 토마토, 감자

성질에 따른 분류

몸이 냉한 사람은 따뜻한 성질의 채소를, 열이 많은 사람은 차가운 성질의
채소를, 계절에 따라 적절하게 섭취한다.

차가운 성질	평이한 성질
땅콩, 보리, 배무채, 천년초, 알로에, 잎들깨, 밀, 녹두, 메밀, 들깨, 검정깨, 검정콩, 동부콩, 가지, 배추, 열무, 갓, 오이, 수세미, 아스파라거스, 미나리, 고구마와 근대, 상추 등 대부분 잎이 넓은 잎채소	양배추, 양상추, 양파, 토마토, 감자 (차가운 성질에 가까우면서 평이)

산도별 식품 분류

알칼리성 식품과 산성 식품을 2~3:1의 비율로 섭취하고, 알칼리 식품 섭취
후 산성 식품을 먹는다. 산성 식품은 태우면 황(S), 인(P), 염소(Cl) 등 체내에
서 산을 만드는 성분이 많이 남고, 알칼리 식품은 나트륨(Na)과 칼슘(Ca), 칼
륨(K), 마그네슘(Mg) 성분이 재에 많이 남는다. 채소에는 칼륨 성분이 많이
함유되어 있는데, 잎채소와 줄기채소에는 칼슘 성분이, 뿌리채소에는 마그
네슘이 비교적 많고, 나트륨, 철(Fe) 등도 함유되어 있다.

산성 식품	알칼리성 식품
• 백미밥, 빵·국수 등의 밀가루 음식, 대부분의 곡류 • 육류·육가공품 • 버터, 치즈 • 주류 • 탄산음료 • 인스턴트식품, 대부분의 가공식품	• 보리밥, 현미밥 • 팥, 콩, 옥수수, 시금치, 상추, 쑥갓, 미나리, 부추, 양배추, 고추, 오이, 호박, 가지, 무(무청), 감자, 고구마, 당근, 양파, 토란, 죽순, 수박, 포도, 딸기, 사과, 바나나 등의 채소류와 과일류 • 송이·표고 등의 버섯류 • 미역·다시마 등의 해조류 • 녹차, 우유, 홍차

지키고 가꿔야 할 토종작물

푸르대콩

해바라기

셀프재배 실천하기

1. 장소별 셀프재배

셀프재배 초보자라면 새싹재배부터 도전해보는 게 좋다. 소독을 하지 않은 새싹 전용 씨앗을 구입하고 재배법을 충실하게 따라하면 된다. 인터넷이나 전문 서적에서 기르고 싶은 새싹 서너 가지를 골라 그대로 따라해 보는 것도 좋은 방법이다. 각기 다른 방법으로 재배한 몇 가지 새싹의 상태를 살펴보면서 우리 집의 환경에 알맞은 재배법을 알 수 있기 때문이다. 나에게 적합한 새싹의 종류를 파악하려면 새싹을 종류별로 다양하게 재배해본다.

새싹재배에 자신이 붙으면 어린잎 전용 씨앗을 뿌리고 솎아주기를 해가며 여름에는 30일, 겨울에는 45일 정도 어린잎으로 길러본다. 모종은 재배할 장소에 적합하고 재배하기 쉬운 종류를 구입한다.

셀프재배 2년차에 접어들 때는 재배하기가 좀 까다롭더라도 길러보고 싶은 한두 가지 작물을 정하여 재배한다. 새싹에서 어린잎을 거쳐 자신이 선택한 작물까지, 3년 동안 물을 주면서 공을 들이고 성공과 실패를 겪다보면 어느새 그 작물에 한해서는 전문가가 되어있을 것이다.

가장 가까운 거실 창가나 베란다에서

실내라는 특성상 베란다나 거실 창가 쪽은 외부 환경과 조건이 다를 수밖에 없다. 대체로 일조량이 바깥의 1/3 정도로 적으며 통풍도 원활하지 않지만, 일교차는 그리 크게 벌어지지 않는다. 봄도 빨리 찾아온다고 할 수 있다. 외부인 옥상보다 봄이 빨리 오기 때문에 이른 봄부터 늦가을까지 작물을 키울 수 있는 장점이 있다. 그러므로 베란다 셀프재배 성공의 첫걸음은 베란다 조건에 맞는 작물을 고르는 것이다. 물론 집안에서 햇빛이 잘 들고 그늘이 지지 않는 곳을 셀프재배 장소로 조성한다.

베란다 셀프재배 작물은 야외 텃밭 작물보다 더 섬세하게, 아기 다루듯 돌보아야 한다. 하지만 한번 조성해 놓으면 가장 가까이서 하루 10~30분 돌보는 것만으로도 심신의 건강을 챙길 수 있다. 거실 창가나 베란다 재배 시 자주 살펴봐야 할 포인트는 온도, 흙의 상태와 물 빠짐, 병충해, 햇빛의 방향 등이다.

베란다에서 재배할 수 있는 작물은 의외로 많다. 햇빛이 잘 드는 남향 베란다에서는 루콜라Rucola, 청로메인Romane상추, 케일Kale, 적근대, 겨자채, 시금치, 곤드레, 머위 등의 엽채류와 방울토마토를 재배할 수 있다. 남동향이나 동향 베란다에서는 청치마상추, 쑥갓, 청경채, 잎브로콜리Leaf Broccoli, 셀러리Celery 등과 잎들깨를 기를 수 있고, 햇빛이 잘 들지 않는 서향 베란다에서도 비타민채, 오크Oak상추, 엔다이브Endive, 치커리Chicory, 미나리, 아욱 등의 엽채류와 부추, 쪽파, 생강을 재배할 수 있다.

또한 베란다 셀프재배를 아름답고 즐겁게 해주는 작물로 허브류를 꼽을 수 있다. 바질Basil, 스테비아Stevia, 로즈마리Rosemary, 라벤더Lavender뿐만 아니라, 다양한 허브를 기를 수 있다. 국화과 종류의 캐모마일Chamomile, 레몬 타임

Lemon Thyme, 애플민트Applemint, 페퍼민트Peppermint, 백리향 등은 월동이 가능한 허브이다. 대부분의 허브는 지중해가 원산지로 보수력이 좋은 약알칼리성이나 중성 토양에서 잘 자란다. 여름에는 서늘하고 건조하며 겨울에는 비가 많이 오고 따뜻한 지역에 적응되어 있으므로 이러한 조건을 잘 알고 재배하면 한결 더 수월하게 기를 수 있다.

겨울철 베란다에서는 가을에 심는 배추처럼 잎이 좀 두꺼운 청경채, 비타민채, 쑥갓, 근대, 케일 등의 잎채소와 순무, 래디시Radish 등의 뿌리채소도 재배가 가능하다. 주의할 것은 씨앗을 뿌린 후 새싹이 올라와 자리를 잡는 15~20일 동안 온도를 잘 맞춰주어야 한다. 싹이 트는 온도는 품종마다 다르기 때문에 씨앗 봉지 뒷면에 적힌 내용을 확인하여 적절한 온도를 유지해준다. 싹을 틔운 후 본 잎이 커지면 햇빛과 바람이 좋은 위치에 놓고 재배한다. 겨울철에는 실내 공기가 건조하기 때문에 분무기를 사용하여 잎 주변에 수분을 보충해주되, 뿌리 주변의 흙에는 물을 너무 자주 주지 않도록 한다. 환기는 적어도 하루에 한 번, 최소 10분 정도라도 해주어야 한다. 찬바람이 작물에 직접 닿지 않도록 거실과 베란다 사이의 중간 문이나 주방, 안방 쪽 문을 열어 실내 공기의 순환이 잘 이루어지도록 한다.

빗물의 혜택을 받을 수 있는 옥상에서

옥상은 빗물의 혜택을 받을 수 있는 곳이다. 토심을 깊게 하여 텃밭을 조성하면 노지와 비슷한 환경에서 셀프재배가 가능하다. 벚꽃이 피는 봄에는 퇴비를 만들 수 있으며, 여름에는 밤하늘에 희미한 별을 찾아보는 별밤 추억 만들기를 즐기고, 가을에는 작은 김장파티를 여는 것은 물론, 가을볕 아래 텃밭작물을 말려 영양가를 높일 수 있는 '아지트'가 될 수 있다. 또한 봄부터

가을까지 재배한 텃밭작물로 다양한 파티를 열 수 있는 매력적인 공간이기도 하다. 분양을 받은 노지텃밭에서 가꾸기 어려운 아로니아$_{Aronia}$, 앵두 등의 과실류와 덩굴채소를 옥상텃밭에서는 맘 놓고 가꿀 수 있다. 옥상의 장점을 이용하여 셀프재배를 하려면 방수공사가 제대로 되어 있는지 확인하고, 텃밭을 조성할 면적은 흙의 무게와 휴식 공간을 고려하여 옥상 전체 면적의 2/3가 넘지 않도록 한다.

옥상의 재배환경은 통풍, 물 빠짐, 일조량 면에서 베란다보다는 자연에 가까운 좋은 조건이다. 그러나 한여름에는 직사광선이 내리쬐고 바닥이 뜨거워져 작물이 스트레스를 받을 수 있으므로 주의해야 한다. 텃밭을 조성할 때는 작물뿌리와 빗물이 지붕이나 건물로 침투하는 것을 방지하기 위해 방근·방수 시트를 활용한다. 텃밭상자를 이용 중이라면 작물이 한여름의 열기로 인해 스트레스를 받지 않도록 상자 바닥은 옥상 표면에서 30㎝ 위로 띄워놓는 것이 좋다.

흙 향기 가득한 텃밭에서

셀프재배의 가치와 효용이 알려지면서 시나 구 등의 지자체에서 직영하는 공공텃밭이나 개인이 운영하는 텃밭을 분양받으려는 사람이 늘어나고 있다. 공공텃밭 분양은 대부분 2~3월에 이루어진다. 지자체 홈페이지에 공고를 하고, 신청자 중에서 추첨을 하거나 선착순 마감 등의 방식으로 한다. 텃밭을 분양받으면 기본적인 작물재배법을 알려주므로 초보자라도 쉽게 셀프재배를 할 수 있다. 텃밭은 작물을 가꿀 수 있는 곳만이 아니라, 나의 몸과 마음이 정화되고 힐링이 되고, 작물을 가꾸는 동안 내가 가꾸어지는 공간이다.

텃밭에서 돌멩이를 주워 텃밭 흙의 유실을 방지하는 돌담을 쌓으면서 작은 소망을 빌어볼 수 있으며, 나만의 텃밭 이름을 지어 돌멩이 위에 친환경 아크릴 물감으로 독특하게 표현해 놓을 수도 있다. 버려진 나뭇가지를 주워 조각칼로 문양을 새겨서 작물의 지지대를 만드는 것도 소소한 재밋거리가 된다. 텃밭 주변 한켠에 돌멩이, 상자, 나무 조각들을 층층이 쌓아가며 미적 감각을 발휘하여 곤충들의 집을 지어준다면, 온가족이 함께 미술 경연을 펼치고 곤충의 생태를 관찰하는 등 다양한 활동이 가능한 예술놀이터이자 배움의 현장이 될 수도 있다.

또한 행위자에 따라서는 텃밭 자체를 아주 매력적인 대상이나 공간으로 탈바꿈시키기도 한다. 산뜻한 옷차림으로 농사도구를 준비하여 소풍가는 기분으로 집 나서기, 텃밭 주변을 천천히 걸으면서 눈에 보이는 작물·흙·곤충·미생물·풀·나무 들에게 나지막이 인사하기, 좋은 흙 위를 맨발로 걸으면서 발바닥도 지압하고 흙의 기운 느껴보기, 비가 내리면 빗방울이 흙과 작물 위로 떨어지며 내는 소리와 자연의 냄새 맡아보기, 클래식 음악을 들으며 산보하면서 텃밭경관 감상하기, 텃밭에서 셀프재배하고 있는 분들과 미소 띤 인사를 나누며 교류하기 등, 이렇듯 여러 가지 즐거운 활동을 해본다면, 텃밭은 단순히 작물이 자라는 공간이 아니라 정감어린 건강놀이터가 될 수 있다.

셀프재배 건강놀이터인 텃밭에 자주 갈 수 있도록 아래와 같이 스스로 규칙을 정하면 텃밭을 통한 몸과 마음의 정화와 힐링의 효과를 배가시킬 수 있다. 첫째, 1주일에 몇 번은 꼭 가서 한 해 동안 텃밭의 순환에 참여한다. 둘째, 두 팔을 벌려 기지개를 켜면서 자연의 기운을 받아들이고, 즐거웠던 일이나 보람 있던 일을 떠올리며 긍정 에너지를 그득 채운다. 셋째, 소란을 피우지 않고 조용하게 다녀간다. 어느 것도 해치지 않고 어떤 생물도 함부로 대하지 않는다. 넷째, 텃밭과 주변 생물들이 본 모습 그대로 살아갈 수 있도록 배려한다.

흑수박

흑토마토

2. 함께 하는 셀프재배

셀프재배 공동체를 구성하여 작물을 함께 재배하면 보다 손쉽고 즐겁게 셀프재배 건강법을 실천할 수 있다. 공동체는 목적에 따라 다양하게 구성할 수 있다. 특정한 작물 재배를 중심으로 한 '작물공동체', 요리할 때 나오는 생채소를 퇴비로 만들어 텃밭을 가꾸는 '퇴비공동체', 텃밭작물로 요리하는 즐거움을 나누는 '텃밭요리공동체', 토종 곡식과 채소를 가꾸는 '우리씨앗공동체'를 비롯해, 아이들에게 자연놀이를 제공해줄 목적으로 만드는 '텃밭놀이공동체' 등 얼마든지 다채롭게 만들 수 있다.

함께하는 셀프재배 공동체를 운영하려면 처음부터 거창한 계획을 세우기보다는 지속적으로 함께할 수 있는 공통 관심사를 중심으로 느슨하게 시작하는 것이 좋다. 지켜야 할 규칙은 최소한으로 정하여 구성원 모두가 부담감 없이 쉽게 실천할 수 있도록 한다. 작물별 재배 난이도를 감안하여 작물을 선정하고, 난이도 표시를 하여 초보자도 적극적으로 참여할 수 있도록 배려한다. 공동체의 모임과 활동이 풍성해질 수 있도록 텃밭에 예술과 문화를 접목하여 볼거리, 놀거리 등 다양한 프로그램도 진행하도록 한다.

여러 사람이 모여 셀프재배를 하다 보면 셀프재배 순환사슬 중 어느 한 분야에 관심을 보인다거나, 그 분야를 특별히 잘하는 구성원이 나타나기 마련이다. 그러면 셀프재배가 더 수월해진다. 씨앗 뿌리는 것을 특별히 좋아하는 사

재배 난이도에 따른 채소 구분

- **재배하기 쉬운 것** 부추, 상추, 쑥갓, 엔다이브, 잎들깨, 근대, 청경채, 비타민채, 배추, 무, 시금치, 당근, 토란, 고구마, 감자, 강낭콩 등
- **재배하기 중간 것** 가지, 고추, 수세미 오이, 토마토, 호박 등
- **재배하기 어려운 것** 수박, 참외 등

람, 물 주기를 좋아하는 사람, 진딧물을 잘 발견하는 사람, 텃밭 농기구나 도구 수리에 능한 사람, 요리를 뚝딱 잘 하는 사람, 텃밭 경관을 좋게 하려고 열심히 소품을 가져다 꾸미는 사람 등, 실로 다양한 구성원들을 만나게 된다.

작물공동체

작물공동체는 치유, 회복, 귀농·귀촌 등 특별한 목적을 가지고 구성한다. 그 목적에 맞는 작물을 선정하여 한해 또는 상반기, 하반기 동안 한두 가지 작물을 집중적으로 재배한다. 또는 같은 과(가지과, 배추과, 콩과, 박과, 명아주과, 백합과 등)에 속하는 작물을 중심으로 서너 가지 작물을 재배하기도 한다. 그러므로 작물공동체 회원은 작물에 대한 전문성을 확보하기가 수월하다. 작물공동체는 혼자 키우기 어려운 작물을 선정하여 함께 키우는 품앗이 형태의 공동체다. 해당 작물에 대한 재배 경험이 있는 선배가 이끌어주기 때문에 초보자에게 안성맞춤이다. 작물공동체는 텃밭요리공동체, 우리씨앗공동체 등에 접목하여 운영할 수도 있는 공동체다.

　치유을 위한 작물공동체는 같은 장소에서 여러 가지 작물로 구분된 소규모 공동체로 운영할 수 있다. 고혈압 예방에 좋은 작물, 당뇨에 효과가 있는 작물, 아토피에 좋은 작물 등으로 다양하게 구성하여 공동체 회원들의 참여도를 높이고 재배 만족도까지 높여줄 수 있다. 치유라는 같은 목적을 가지고 있어 공감대 형성이 쉽고, 치유 관련 분야에 대한 공부모임으로 지속될 수 있다. 환경친화적인 재배법을 통해 재배와 의료는 결국 맥락이 같다는 것을 알고 자연친화적인 의료 시스템에 대해 관심이 많아지게 된다. 나아가 회원 누군가가 치유단계에 이르게 되면 축하하고 격려해주는 행복한 응원문화를 형성하게 된다.

재배와 의료 시스템의 동질성

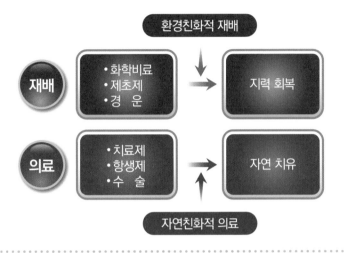

　　귀농 준비를 위한 작물공동체는 '귀농·귀촌교육'에 참여해서 마음이 맞는 사람들과 구성하여 운영할 수 있다. 귀농 준비 작물공동체는 소득원이 될 수 있는 작물 중심으로 재배 작물을 선정하기 때문에 작물 결정에 시간이 다소 걸리기도 한다. 그러나 재배한 작물을 다양한 방법으로 가공하기, 팔릴 수 있도록 적절하게 포장하기, 가격 정하기, 판매 및 홍보방법 기획하기, 도시농부장터에 나가 직접 판매하며 시장성 가늠해보기 등, 재배 및 가공에서 유통까지 다양한 경험을 해볼 수 있는 역동적인 공동체라 할 수 있다.

퇴비공동체

퇴비공동체를 만들거나 회원으로 가입하면 퇴비와 흙을 스스로 만들 수 있어 셀프재배를 보다 수월하게 할 수 있다. 작물 재배가 끝난 후에는 새로 퇴비와 흙을 보충해주어야 하는데, 이를 구하려면 원예가게에 가야하는 번거

로움이 있고, 부피와 무게가 많이 나가 운반하는 데도 힘이 들 수밖에 없다. 하지만 퇴비공동체는 이런 부담이 없다.

또한 퇴비공동체를 운영하면 환경지킴이 역할까지 하게 된다. 갈수록 늘어나는 커피찌꺼기, 조리 전 다듬는 과정에서 나오는 채소쓰레기와 과일 껍질 등, 생활 주변에 흔한 재료로 퇴비를 만들어 환경문제 해결에 기여할 수 있다. 북미대륙에서 최고의 '쓰레기 없는 도시(Zero Waste City)'로 평가받고 있는 샌프란시스코는 지역사회 전체가 유기물(음식물쓰레기·커피찌꺼기·낙엽 등)을 버리지 않고 퇴비로 재활용하는 프로그램을 설계하여 실천하고 있다. 국내에서는 서울시 양천구가 자치구에서는 처음으로 2015년 가을부터 아파트 주민들이 생쓰레기를 모아 단지 내 설치한 퇴비기계를 이용해 퇴비로 만든 후 텃밭을 가꾸는 '퇴비발전소' 프로젝트를 진행하고 있다.

주부가 중심이 되어 아파트 단지 내에 퇴비공동체를 만들어 셀프재배를 실천하면 알뜰한 소비로 이어져 가계경제에도 도움이 된다. 또한 회원의 자녀는 퇴비화 및 셀프재배 과정에 참여할 기회가 많아져 교육적 효과도 기대할 수 있다. 버려진다고 생각했던 음식물쓰레기가 작물에게 좋은 퇴비로 만들어지는 퇴비화 과정은 아이들에게도 놀라운 광경이 된다. 여건에 따라 방식을 달리할 수 있겠지만, 아파트 단지 내 퇴비공동체는 요일과 시간을 정해 퇴비의 원료가 되는 생채소 쓰레기와 커피 찌꺼기 등을 주민들로부터 받을 수 있다. 쓰레기가 퇴비로 바뀌니 주민들의 참여율도 높고 좋은 일을 한다는 격려의 말과 함께 이야기 나눌 기회도 많아져 마음이 훈훈해지는 공동체가 될 수 있다. 또한 만들어진 퇴비를 주민에게 제공하는 즐거움과 셀프재배를 확산하는 데 기여한다는 자부심도 가지게 된다. 지역사회에 퇴비를 기부하면, 누군가를 도와주었을 때 마음이 편안해지고 스스로에 대한 자부심이 커지면서 희열을 경험하게 되는 '선행효과'까지 맛보게 된다.

퇴비공동체 운영시스템

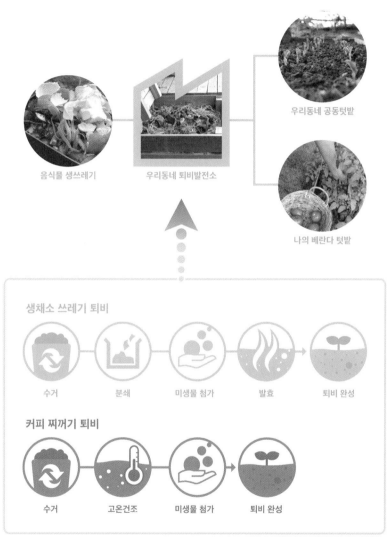

음식물 생쓰레기

우리동네 퇴비발전소

우리동네 공동텃밭

나의 베란다 텃밭

생채소 쓰레기 퇴비

수거   분쇄   미생물 첨가   발효   퇴비 완성

커피 찌꺼기 퇴비

수거   고온건조   미생물 첨가   퇴비 완성

텃밭요리공동체

기능성으로 분류한 도시락 텃밭작물

- 스트레스 해소
  상추, 치커리 등 각종 쌈채류
- 고혈압 예방
  토란, 쪽파, 머위, 우엉, 부추
- 당뇨 예방
  토마토, 가지, 쓴 오이, 셀러리, 야콘
- 다이어트
  매운 고추, 감자, 고구마, 당근, 양배추
- 암 예방
  케일, 배무채, 시금치, 울금

텃밭요리공동체는 집밥을 먹기 어려운 1인 가족, 대학생, 직장인들에게 매력적일 수 있다. 회합에 적당한 장소로는 셀프재배를 할 수 있는 옥상이나 자투리 공간이 있는 커피전문점이 좋다. 회원을 모집할 때는 텃밭을 직접 가꾸는 회원, 경작을 하지는 않지만 관심을 갖고 텃밭을 향유하는 회원, 텃밭 운영에 필요한 여러 가지 지원을 해주는 기부 회원 등, 회원의 범위를 넓혀 다양한 층이 참여하도록 한다. 같은 직장에 근무하는 동료들로 구성된 공동체로 운영할 경우에는 근무지 건물의 옥상을 활용하면 접근성이 좋아 편리하다. 직장 동료와 점심을 함께 먹는 '도시락텃밭'을 구성한다면 점심용 텃밭작물 레시피를 작성하여 그에 맞는 작물을 식재한다. 텃밭은 직장인의 스트레스를 해소해줄 뿐만 아니라 상상력까지 자극해준다. 초록색은 보기만 해도 치유되는 느낌을 주며, 텃밭의 초록 작물을 보면 뇌에서 알파파가 증가해 엔도르핀Endorphin 분비를 촉진하여 마음이 편안해진다.

서울에서 건물 옥상에 공동체텃밭을 조성할 경우 서울시의 '옥상 녹화·텃밭 조성 사업'을 활용하면 조성과 운영비 마련 부담을 대폭 줄일 수 있다. 서울시는 2002년부터 공공·민간건물에 옥상 녹화 조성비용의 50~70%(최대 1억원)를 지원해주고 있다. 또한 빗물을 모아 텃밭작물을 재배하는 빗물모음통을 설치할 경우에는 설치비의 50%를 지원해주며 최대 2천만원까지

지원받을 수 있다.

우리씨앗공동체

우리씨앗을 중심으로 작물을 재배하려면 노지텃밭이 좋다. 재배할 작물의 선정은 공동체 회원이 얼마나 자주 모일 수 있는지를 확인하고 결정하도록 한다. 자주 모여 친목을 도모하고자 한다면 쌈채류를 심는 것이 좋다. 쌈채류는 빨리 성장하기 때문에 자주 살펴야 하고 수확도 수시로 해야 하므로 매주 모이는 공동체에 적합하다. 월 1~2회 모일 수 있는 공동체는 재배 시 손이 덜 가는 곡식과 콩 위주의 작물을 선정하도록 한다.

2016년은 유엔이 정한 '콩의 해'이므로 우리씨앗을 분양받아 작물공동체를 운영하는 것도 의미가 있다. 우리씨앗은 한살림, 토종씨드림, 전국여성농민회, 지역별 도시농업네트워크 등의 단체들을 통해 무료로 얻을 수 있다. 토종작물은 개량종과 비교해 병해충에 강하고 기능성 성분을 많이 함유하고 있는 품목들이 많다. 토종 갓과 상추에는 항암 성분인 시니그린$_{Sinigrin}$과 숙면 유도 및 항스트레스 기능이 있는 락투신$_{Lactucin}$ 등의 성분이 많고, 토종작물인 곰보배추, 여주 등도 약리효과가 크다. 지역 농업기술센터에서 토종작물을 육성하는 곳이 늘어나고 있고 시중에서 구할 수 있는 품목도 다양해지고 있다. 정읍시농업기술센터는 크기가 일반 마늘보다 2~3배, 최대 10배까지 큰 토종마

성질로 분류한 계절별 텃밭작물

- **따뜻한 성질**
  근대, 생강, 땅콩, 호박, 들깨, 고추, 고구마(봄), 서리태, 백태(봄-여름), 당근(여름), 갓, 쪽파, 무(여름-가을), 양파, 마늘(가을), 토란, 부추, 대파(겨울-봄)
- **차가운 성질**
  쌈채소, 아욱, 쑥갓(봄), 가지, 오이, 토마토(여름), 시금치, 배추(여름-가을), 얼갈이배추(겨울-봄)

늘인 '웅녀 마늘'을 고소득 작물로 육성해나가고 있다. 웅녀마늘은 '코끼리 마늘', '대왕 마늘', '점보 마늘' 등으로 불리고 있다. 영주시는 일반 콩보다 1.5~2배가량 큰 토종콩 '부석태'를 집중 육성하고 있다.

흰팥

3. 약이 되는 셀프재배용 작물 기르기

셀프재배 1

땅콩나물

작물의 성질 땅콩은 찬 성질을 가졌으며 비위脾胃와 폐肺에 도움을 준다. 나물로 기르면 '피토케미컬Phytochemical' 성분인 '레스베라트롤Resveratrol'이 땅콩 종자보다 약 90배 많아진다. 땅콩나물은 우리나라에서 최초로 실용화된 나물로, 햇땅콩을 적절한 온도와 수분을 공급하여 새싹으로 키우는 것이다.

땅콩

유효성분 땅콩은 인체 내 나트륨을 밖으로 배출하는 기능이 탁월한 칼륨 식품의 대명사다. 나물로 자라면서 칼륨, 마그네슘, 아연 함량이 늘어난다. 숙취 해소에 좋은 아스파라긴산은 콩나물보다 9배 정도 많고, 레스베라트롤은 포도주(0.6~1.2μg/㎖)보다 100배 이상 들어 있다. 레스베라트롤은 혈액순환 촉진, 항암 및 항산화 작용, 노화 억제, 혈전 생성을 방지하는 효과가 있다. 비타민 C, 불포화지방산인 올레산·리놀산, 식이섬유도 풍부하다.

원산지와 과 남아메리카 열대지방이 원산지로 콩과에 속한다.

토양 물이 잘 빠지며 모래가 섞인 양토 또는 사양토가 좋다.

온도 25~27℃의 고온에서 잘 자란다.

광량 햇빛이 많은 조건에서 꽃이 잘 핀다. 햇빛이 부족하면 생장과 꼬투리 형성이 부진해진다.

수분 600㎜ 이상의 비가 와야 한다.

수확시기 4월 말이나 5월 상순에 줄 간격은 50㎝, 포기 간격은 20㎝로 하여 1~2개씩 파종(깊이 약 3㎝)을 하고, 수확은 파종 후 150일이 지나 잎이 노래지고 마르기 시작하는 9월 하순~10월 상순경에 한다.

기타 파종 후 10일 후면 땅콩의 싹이 나온다. 파종 후 20일 정도 지나면 싹을 2개 포기만 남기고 솎아준다. 파종 후 45일 전후해서 꽃이 피기 시작한다. 그 이후 70여 일 동안 계속 꽃이 피면서 한 포기에 40~50개 정도씩 꼬투리가 맺힌다.

땅콩나물 재배법

날 땅콩(겉껍데기를 깐 것으로, 볶지 않은 생땅콩)을 1~2일 동안 깨끗한 물에서 불립니다. 여름철에는 불리는 동안 부패하기 쉬우므로 물을 자주 갈아줘야 해요. 재배에 적당한 온도는 25℃입니다. 여름철은 고온다습한 환경이라 곰팡이가 피고 썩을 수도 있으므로 온도관리에 유의하세요.

땅콩 새싹

흙에서 재배하기

❶ 깊이가 10㎝ 내외인 상자 안에 좋은 흙(배양토)을 넣습니다.

❷ 전체적으로 물을 골고루 부려 흙을 촉촉한 상태로 만들어주세요.

❸ 씨눈이 위로 향하게 하여 땅콩의 1/2가량이 흙에 묻히도록 심습니다.

❹ 빛을 차단하거나 어두운 곳에 두고 분무기로 하루에 2번 정도 물을 주세요.

❺ 1주일 후 15㎝가량 자랐을 때 수확합니다.

물로 재배하기

❶ 씨눈이 올라온 날 땅콩을 흐르는 물에 단시간 살짝 씻어주세요.

❷ 통기성이 좋고 물 빠짐이 잘 되는 토분이나 질그릇에 넣고 물을 줍니다.

❸ 햇빛이 들지 않도록 수건을 덮어주고 어두운 곳에 놔둡니다.

❹ 발아과정에서 발생하는 열 때문에 부패되지 않도록 수시로 물을 뿌려주면서 키우세요.

❺ 1주일 후 수확하여 식사 때마다 5개씩 먹으면 좋아요.

셀프재배 2

보리 새싹

작물의 성질 성질은 차고 열을 내려주며 맛은 달다. 가을보리가 봄보리보다 성질이 약간 더 차고 약으로 효능이 더 좋다. 가을보리는 추운 겨울에도 왕성하게 자라는 강인한 생명력을 지니고 있다. 그러나 새싹용으로 재배할 경우에는 봄보리가 수확량이 많아 더 좋다.

유효성분 콜레스테롤을 낮춰주는 '베타글루칸$_{\beta\text{-Glucan}}$'이라는 성분이 많이 들어있어서 혈관질환을 예방해주고, 성장에 필요한 칼슘, 인, 아연, 엽산, 비타민 B_2가 풍부하다. 또한 발암물질을 몸 밖으로 배출시키는 역할을 하는 불포화지방산을 많이 함유하고 있어 대장암 예방에도 좋다. 식이섬유가 풍부해 변비치료

보리

에 효과적이고 항균과 항산화 작용으로 피부를 매끄럽게 해준다.

원산지와 과 원산지는 중동지방으로 벼과에 속한다.

토양 유기질이 풍부한 양토나 식양토가 좋고, pH 7~7.8의 약알칼리성 토양에서 잘 자란다.

온도 생육 온도는 3~4.5℃ 이상 28~30℃ 이하이고, 20℃에서 잘 자란다.

광량 햇빛은 풍부해야 한다.

수분 토양 수분은 60~70%가 적당하다.

수확시기 가을보리는 지역의 기후에 맞춰 월동 전에 잎이 5~6매 나올 수 있게 파종하는 것이 좋다. 10월 말이나 11월 초순에 파종하여 이듬해 6월 말에서 7월 초순에 수확을 한다. 2월 말이나 3월 초순에 파종하는 것을 봄보리라 하고, 수확 시기는 가을보리와 동일하다.

기타 쌀과 보리의 비율을 7:3 정도로 하여 잡곡밥을 지어 먹으면 좋다. 여름에 보리밥을 먹으면 열을 식힐 수 있다. 평상 시 몸이 차다면 따뜻한 성질을 가진 고추장을 곁들여 비빔밥으로 먹는다.

보리 새싹 재배법

보리 새싹은 혈압을 낮추고 비만, 당뇨 등에 효과가 있으며 비타민 B, 철분, 엽산, 식이섬유가 풍부해요. 또 비타민 C는 시금치에 비해 3배, 기타 영양소는 사과보다 60배나 많이 함유되어 있습니다. 특히 보리 새싹에는 혈관을 깨끗하게 해줘 혈관청소부라 불리는 '폴리코사놀Policosanol'이 다량 함유되어 있어요.

새싹용 품종은 '큰알보리 1호', '큰알보리', '새강보리' 등의 겉보리가 좋아요. 쌀보리보다 '폴리페놀Polyphenol' 및 '플라보노이드Flavonoid' 함량이 1.2~2배 더 높기 때문이에요. 150~200g을 파종하면 약 450~600g을 수확할 수 있습니다. 쓰고 남은 커피 컵 등을 활용하여 매일 먹을 양만큼만 씨앗을 뿌려도 좋지요. 수확은 필요한 만큼 손으로 뽑아서 칼이나 가위로 뿌리 부분을 잘라내고 씨앗 껍질을 제거한 후 물로 씻어 마무리하면 됩니다.

보리 새싹

❶ 약 150g의 씨앗을 12시간 동안 물에 불린 후 물을 따라내세요.

❷ 육묘상자나 스티로폼 상자(60×40㎝)에 배양토를 채우고 촘촘하게 뿌립니다.

❸ 22~25℃를 유지하며 하루에 2~3번 분무기로 물을 골고루 뿌려주세요.

❹ 10일 후, 약 15~20㎝ 정도 자랐을 때 수확합니다.

❺ 첫 수확 후 한두 번 더 수확이 가능하나 약효를 위해서는 다시 파종하는 것이 좋습니다.

배무채

작물의 성질 배무채는 배추의 '배', 무의 '무', 채소의 '채'를 따와 지은 이름이다. 위쪽은 배추를, 아래쪽은 무를 닮았다. 배추와 무의 중간 맛이 나면서 달고 맵지만 시원한 맛이 있다. 고추냉이처럼 매운맛과 단맛이 조화를 이루어 독특한 맛을 낸다.

유효성분 단백질·당분·비타민 C가 풍부하고, 종양을 억제해주는 항암물질 '글루코시놀레이트Glucosinolate' 성분도 상당히 많다. 또한 항암·항균 효과가 있는 '설포라판Sulforaphane'의 함유량이 잎에는 41.8ppm/100㎎, 뿌리에는 167.9ppm/100㎎에 이르러, 뿌리의 경우 항암효과가 매우 뛰어난 것으로 알려진 브로콜리Broccoli(90ppm/100㎎)보다 훨씬 더 많다. '베타카로틴β-carotene'은 배춧잎보다 50배나 더 많다.

원산지와 과 우리나라에서 최초로 교배·육종한 것으로 배추과에 속한다. 속간잡종이면서도 배추 염색체와 무의 염색체를 완전하게 가지고 있어 후대 증식이 가능하며 유전자변형식물(GMO)이 아니다.

배무채

토양 토심이 깊고 물 빠짐이 좋은 사양토가 좋다.

온도 잘 자라는 온도는 20℃ 전후이다.

광량 햇빛이 잘 드는 곳에서 재배한다.

수분 배추와 무보다 수분 함량은 적으나 충분한 물을 필요로 하므로 겉흙이 마르면 흠뻑 준다.

수확시기 배추처럼 4월 하순에 파종하면 7월 초순에, 8월 하순에 파종하면 11월 초순에 수확할 수 있다. 파종 간격은 사방 10×15㎝로 한다. 잎줄기가 연하므로 수확 시 부러지지 않도록 주의한다.

기타 파종 후 10일이 되면 자라난 잎이 연하고 부드러워 샐러드로 활용할 수 있다. 파종 후 40일이 지나면 맵고 단맛이 나므로 이때 수확하여 쌈, 샤브샤브, 된장국, 찌개, 녹즙용 재료로 이용하면 맛있다. 가을에 배추와 같은 재배 방법으로 파종하여 90일 이상 자라면 배추처럼 속이 차고, 뿌리는 작은 무 정도로 자란다. 잎줄기가 연해 백김치, 열무김치 등 다양한 요리에 활용할 수 있다.

셀프재배 4

천년초

작물의 성질 천 가지 병을 고친다 하여 '천년초'라 불리며, 성질은 차가운 쪽에 가깝다. 천년초는 영하 20℃에서도 살아남아 월동이 가능하며 추운 환경에서 자랄수록 약효가 더 좋다. 반면에 '백년초'는 영하 5℃ 이하에서는 얼어 죽기 때문에 주로 제주도와 같은 따뜻한 지방에서 자생한다.

유효성분 손상된 신체조직을 복구하고 세포활성화 작용을 하는 페놀성 물질과 활성산소 제거 및 항바이러스·항염 작용을 하는 '플라보노이드 Flavonoid' 성분이 풍부하다. 특히 식이섬유의 함량은 100g당 48.5%로써 식물 중 가장 많다. 칼슘은 100g당 함유량이 멸치의 약 8배에 이르며, 비타민 C, 무기질 및 아미노산, 복합 다당류

천년초

등 각종 영양성분을 함유하고 있어 신체의 전반적인 면역 기능을 강화해준다.

원산지와 과 우리나라 토종으로 선인장과에 속한다.

토양 물 빠짐이 좋은 사질토가 적합하다. 상자 재배 시에는 유기질 퇴비를 넣은 배양토와 모래를 7:3 비율로 하여 재배한다.

온도 생육온도는 영하 20℃~영상 30℃로 온도 적응성이 뛰어나다.

광량 햇빛이 잘 드는 곳, 일조량이 제일 중요하다

수분 한 달에 한 번 정도 물을 주고, 화분 흙이 바짝 말랐을 때 주는 것이 중요하다. 물을 너무 많이 줄 경우 뿌리가 녹을 수 있다.

수확시기 모종 크기는 가로 지름 10㎝, 세로 지름 15㎝ 정도가 적합하고 2~3년 된 모종이 번식력이 가장 좋다. 30㎝ 이상 간격을 두고 모종의 1/2가량이 덮이도록 심는다. 모종을 심은 후 20일이 지나면 뿌리를 내리고 자란다. 심는 시기는 4월이 가장 좋다. 이 시기에 심으면 심은 첫 해에는 잎과 줄기만 자라고, 이듬해 11~12월에는 열매 수확이 가능하다. 여름에 모종을 심으면 수분이 많으므로 공기가 잘 통하는 곳에서 7~10일 정도 건조시킨 다음에 심는다.

기타 천년초는 2~3㎜ 정도로 미세한 가시가 20~30여개씩 1㎝ 간격으로 여러 군데 나있어서 고무장갑을 끼고 수확한다. 먼저 수세미로 문질러 가시를 부분적으로 제거한 후, 작은 과도를 이용하여 껍질을 긁어가며 나머지 가시를 제거한다.

알로에Aloe

작물의 성질 약산성이며 냉한 식품으로 분류되지만, 몸의 체질을 알칼리화시키고 내장기능을 강화해주기 때문에 냉한 사람에게도 괜찮다.

유효성분 세균과 곰팡이에 대한 살균력과 함께 바이러스 독소를 중화하는 '알로에친Aloecin', 궤양 치료에 효과를 발휘하는 '알로에울신Aloe ulcin', 항암 효과가 있는 '알로미친Alomicin' 등의 유효성분이 풍부하다. 위염이 있거나 변비가 있을 때는 생으로 갈아 먹고, 피부질환 또는 피부 관리를 위해서는 피부에 직접 바른다. 평상 시 건강관리를 위해서는 차로 끓여서 자주 마신다.

알로에

원산지와 과 남아프리카 원산으로 선인장과에 속한다.

토양 보수성과 통기성이 우수한 토양이 좋다.

온도 적정 생육온도는 15~30℃이다.

광량 여름철에는 55% 정도 차광하여 재배를 하면 좋다. 통풍이 잘 되고, 햇볕을 많이 받아야 잎이 두툼하고 탄력 있게 자란다.

수분 심고 나서 20일 후에 물을 준다. 여름에는 2주에 한 번, 겨울에는 2달에 한 번 준다. 계절마다 물주는 때를 달리하는 게 좋다. 봄·가을에는 아침에, 여름에는 저녁에 준다.

수확시기 잎이 18개 정도 되었을 때 속잎 14장을 제외하고 바깥쪽 잎을 수확한다. 수확 후 3개월 후면 또 수확할 수 있으며, 5년까지 수확이 가능하다.

기타 환경적응성이 뛰어나 일정한 온도와 습도만 유지되면 실내에서도 연중 생장을 계속한다.

명월초

작물의 성질 당뇨에 효능이 있어 '당뇨초'라고도 하며, 일본에서는 사람의 목숨을 구한다 하여 '구명초'로 부르기도 한다. 인도네시아에서는 영원한 생명을 뜻하는 '삼붕냐와_{Sambungnyawa}'로 불린다.

유효성분 비타민 C, 비타민 E, 폴리페놀_{Polyphenol}, 잎과 줄기에 게르마늄, 칼콘_{Chalcone}, 유황·칼슘을 비롯해 26종의 천연 미네랄이 함유되어 있다. 당뇨, 고혈압, 항산화, 고지혈증, 간 해독 효과가 있다.

원산지와 과 동남아시아 고산지대가 원산지로 국화과에 속한다.

토양 뿌리가 수직으로 자라는 직근성 작물이므로 토심을 깊게 한다. 흙은 부드러우며 부엽토 등 퇴비가 많이 섞인 사질양토가 좋다.

온도 아열대성 작물로 추위에 약하다. 잘 자라는 온도는 25~30℃이며, 최소 15℃ 이상으로 맞춘다.

광량 반그늘성 작물로, 통풍이 잘 되도록 해주고, 여름에는 직사광선을 피한다. 겨울에는 충분히 햇빛을 쬐어준다.

명월초

수분 겉흙이 말랐을 때 흠뻑 물을 주고, 건조할 때에는 4~5일에 한 번, 여름에는 3일에 한 번씩 준다. 너무 자주 물을 주면 뿌리가 썩는다.

수확시기 25㎝ 정도 되는 모종을 넓은 화분에 옮겨 심고 2~3개월 키우면 키가 70㎝ 이상 자란다. 이때부터 줄기의 아랫부분부터 잎을 채취한다.

기타 한 줄기로 크게 키우기보다는 두 줄기를 중심으로 중간 중간 줄기를 잘라 옆으로 무성하게 자라도록 하는 것이 좋다. 꽃은 고약한 냄새가 나고 약용으로 쓸 수 없기 때문에 꽃봉오리가 올라오면 바로 제거한다. 생잎으로 뜯어 먹고, 효소를 담그기도 하고 장아찌도 해먹을 수 있다.

명월초 삽목(꺾꽂이)하기

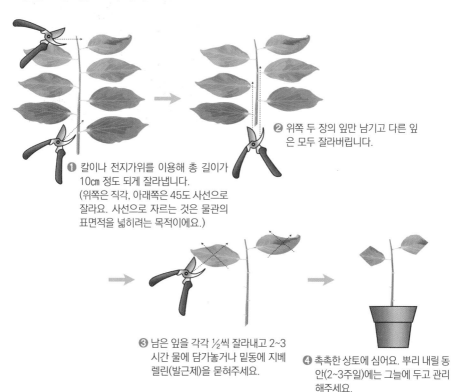

❶ 칼이나 전지가위를 이용해 총 길이가 10㎝ 정도 되게 잘라냅니다.
(위쪽은 직각, 아래쪽은 45도 사선으로 잘라요. 사선으로 자르는 것은 물관의 표면적을 넓히려는 목적이에요.)

❷ 위쪽 두 장의 잎만 남기고 다른 잎은 모두 잘라버립니다.

❸ 남은 잎을 각각 ½씩 잘라내고 2~3시간 물에 담가놓거나 밑동에 지베렐린(발근제)을 묻혀주세요.

❹ 촉촉한 상토에 심어요. 뿌리 내릴 동안(2~3주일)에는 그늘에 두고 관리해주세요.

스테비아_{Stevia}

작물의 성질 스테비아는 설탕 대용으로 사용할 수 있는 천연 감미 식물로, 노화를 억제하는 항산화 효과가 녹차보다 5배 이상 많은 천연 설탕초이다. 단맛이 설탕보다 300배 강하지만, 열량은 100분의 1 수준이다.

유효성분 강한 단맛을 내는 성분은 '스테비오사이드_{Stevioside}'라는 물질로, 체내에서 흡수가 되지 않아 혈당에도 문제가 되지 않는다. 반면에 설탕을 섭취했을 때는 포도당과 과당으로 분해되어 위장에서 흡수되어 혈당을 올린다. 스테비오사이드는 혈전을 막아주고 활성산소를 억제하며, 항산화 작용에 혈압까지 낮춰

스테비아

주는 효능이 있다. 또 입안 세균이 증식하는 것을 예방하고, 소화를 도와주어 장 기능도 좋아진다. 두뇌 비타민이라 불리는 비타민 B_6도 함유하고 있는데, 비타민 B_6는 당분 분해 호르몬인 '인슐린_{Insulin}'의 활성을 높여주고 항염증 작용도 도와준다.

원산지와 과 남아메리카 파라과이 원산으로 국화과의 허브 식물이다.

토양 습기가 많은 지역에 자생한다. 산성 토양, 물가의 모래땅에서도 잘 자라고, 하천이나 습지대 주변에서 자란다.

온도 밤에 온도가 너무 내려가면 성장을 멈춘다. 여름에는 왕성하게 자란다.

광량 고산지대 가운데서도 여름이 긴 곳에서 자란 것이 제일 좋은 맛을 낸다. 낮에 햇볕이 너무 강해도 문제가 되지만, 빛이 부족해도 웃자라므로 하루 2시간 이상 충분히 빛을 쬐어준다.

수분 지속적인 수분 공급이 매우 중요하다. 매주 한두 번 물을 주어 흙이 마르지 않도록 하고, 물을 줄 때는 가급적 잎에 물기가 묻지 않도록 한다.

수확시기 모종을 구입하여 30㎝ 간격으로 심는다. 당도는 꽃 피기 직전이 제일 높으므로 꽃이 많이 피기 전인 8월 말이나 9월 초에 수확한다. 아침에 이슬이 마른 후 수확한다. 기온이 영하로 떨어지기 전에 줄기를 20㎝가량 남기고 잘라낸 후 따뜻한 실내에 두면 뿌리가 얼지 않아 이듬해 봄에 싹이 나온다. 수확한 것은 통풍이 잘 되는 곳에 거꾸로 매달아 말려서 잎을 딴 후 유리병 등에 담아놓고 요리의 재료로 이용하면 좋다.

기타 스테비아 줄기는 바람에 약하므로 지지대를 세워주는 것이 좋다. 삽목(꺾꽂이)은 뿌리를 내리고 자라기까지 기간이 오래 걸린다. 3월에 삽목하여 5~6월에 이식한다. 허브차로 이용할 때는 따뜻한 물 1컵에 생잎 1~2장을 띄워서 마신다. 홍차나 커피 등에는 티스푼으로 3분의 1 정도 넣는다.

스테비아 농법

- 잎과 줄기를 말려 분말로 만든 후 작물에 뿌려주면 작물의 당도가 올라가고, 항산화 및 항곰팡이 성분이 식물의 면역 기능을 개선하여 병해충에 대한 저항력을 향상시켜줘요. 스테비아의 미네랄, 비타민, 항산화 유용 물질 등이 뿌리에 활력을 주어 생장도 촉진되죠. 흙 속에 유용 미생물과 지렁이 등이 증가하여 비타민, 미네랄이 풍부한 자연의 맛이 담뿍 담긴 작물을 수확할 수 있습니다.
- 세포가 부식되는 것을 막아 주는 스테비아의 항산화 성분으로 작물의 신선함이 오래 가고 보존성도 좋아집니다. 작물에 뿌려주면 과다 섭취 시 암을 일으킬 수 있는 질산염(질산태 질소) 수치가 저감되기 때문에 안전하게 작물을 재배하여 먹을 수 있어요.

스테비아 분말 사용법

20평 기준, 파종이나 모종 심기 전에 퇴비에 혼합하여 사용합니다.

분류	박과	장미과	가지과			잎채소	뿌리채소
작물	오이, 수박,	딸기	가지	토마토	고추	배추, 상추, 시금치	감자, 무, 고구마
사용량	1.3kg	1.5kg	800g	3kg	1.2kg	800g	800g

그라비올라Graviola

작물의 성질 성질이 서늘하고, 기운을 내리는 작용이 있다. 저혈압 환자와 임산부는 먹지 않는 게 좋다.

유효성분 비타민 C·B$_1$·B$_2$가 풍부하고, '아세토제닌Acetogenin'이라는 성분이 암세포만을 선택적으로 사멸시킨다. 일반적인 화학요법 항암제로 사용되는 아드리아마이신Adriamycin보다 10,000배 효과가 있다. 항암치료 및 바이러스 세균감염 치료에 사용된다.

원산지와 과 아메리카 열대지방 및 동남아시아 원산으로 포포나무과에 속한다.

토양 배수가 잘되는 흙이 좋다. 상토 40%, 마사토 20%, 부엽토 40%의 비율로 섞어 사용하고 숯을 넣어주면 좋다.

그라비올라

온도 씨앗을 싹틔우려면 온도를 30℃로 맞춰준다. 성장에 적정한 온도는 20~30℃로 일반적으로 25℃에서 잘 자란다. 온도가 15℃ 이하로 내려가면 성장을 멈추기 때문에 온도를 20℃ 이상 유지하도록 한다.

광량 대낮의 강한 햇빛은 피하는 것이 좋다.

수분 여름에는 5일에 한 번 물을 주고, 가을에는 10일에 한 번, 겨울에는 20일에 한 번 준다. 물을 줄 때는 물이 화분 밑으로 새어나올 정도로 흠뻑 준다.

수확시기 가지 끝에서부터 잎의 크기가 10㎝ 정도 되는 잎이 6~7개가 되면 가지의 반을 잘라 잎을 딴다. 봄·가을에는 20일 정도면 새순이 나고, 2개월 정도가 지나면 다시 수확할 수 있을 정도로 자란다. 차로 우려마실 때는 말린 잎을 프라이팬에 덖은 후, 거칠게 가루를 내어 티백에 넣고 끓이면 유효성분이 잘 우러난다.

기타 그라비올라에 대한 연구는 여러 곳에서 이루어지고 있다. '어바웃 허브'라는 사이트에서는 암치료 사용 약재에 대한 그라비올라의 연구 결과를 제시하였고, 1976년 미국 국립암연구소의 연구결과에 따르면, 그라비올라 잎이 악성 암세포를 파괴한다고 했다. 1998년 미국 퍼듀대학교의 연구 결과에서는 6가지 암세포에 대한 그라비올라의 항암작용이 밝혀졌다.

아스파라거스_{Asparagus}

작물의 성질 차가운 성질을 띠며, 아삭하게 씹히고 쌉싸름한 맛이 난다. 아미노산의 일종으로 숙취 해소에 좋은 '아스파라긴산_{Asparaginic acid}'이 처음 분리된 식물이다. 해마다 봄이 되면 대나무 죽순이 올라오듯이 아스파라거스도 한 번 심어놓으면 새순이 계속 올라온다. 잡초보다 강하고 병충해도 거의 없다.

유효성분 항암물질로 잘 알려진 '사포닌_{Saponin}' 성분이 들어있어 암세포 억제 기능이 있다. 비타민 $B_1 \cdot B_2$가 풍부하고 칼슘, 칼륨, 철분 등의 무기질과 단백질 및 탄수화물의 함량이 높다. 비타민 A가 다량 함유되어 있어 피부건강에 유익하고, 지용성 비타민이 풍부해서 기름에 살짝 볶아

아스파라거스

서 먹으면 더 좋다. 또한 루틴_{Rutin}을 많이 함유하고 있어 혈관을 강화하고 혈압을 낮추어 고혈압 예방에도 좋다. 이뇨작용, 방광결석 치료 등에도 효과가 있다.

원산지와 과 유럽이 원산지로 백합과에 속한다.

토양 물이 잘 스며드는 점토에 유기물이 풍부한 모래질의 양토가 섞인 토양이 좋다. 배수성이 좋은 토양에서 잘 자란다.

온도 서늘한 기후를 좋아한다. 뿌리는 추위에 강하나 돋아나는 줄기는 추위

에 약하므로 온도는 15~20℃를 유지해준다.

광량 햇빛이 잘 드는 곳에서 재배한다.

수분 토양이 건조해지지 않게 관리하며, 물을 한 번 줄 때 흠뻑 주도록 한다.

수확시기 아스파라거스는 1년 이상 육묘를 해야 하고 수확까지는 2~3년이 걸리므로 3년 이상 자란 묘를 구입하여 늦가을이나 4월 중순에 심는다. 이랑 폭을 120~150㎝로 만든 다음, 묘를 30~50㎝ 간격으로 심되, 깊이를 15~20㎝ 정도로 한다. 파종 후 3년 이상이 되면 4월 중순부터 5월 말까지 수확할 수 있

아스파라거스 새순

다. 생육 최성기인 5~6년이 지나면 본격적으로 수확이 가능하고, 10년 이상 수확할 수 있다. 땅속줄기에서 자라는 새순의 키가 25㎝를 넘기 전에 수확하는 것이 좋다.

기타 아스파라거스는 줄기가 연약해 쓰러지기 쉽다. 쓰러지는 것을 방지하고 바람과 햇볕이 잘 통하도록 키를 120㎝ 정도로 키우고 생장점을 잘라준다. 지지대는 높이 120㎝ 정도로 세우고 줄기 밑 부분이 흔들리지 않도록 끈으로 고정해준다.

아스파라거스 화분으로 키우기

베란다나 옥상에서 재배할 경우에는 깊이가 80㎝ 정도 되는 화분에 아스파라거스 뿌리를 통째로 심거나 포기를 나누어 심습니다. 약 1㎏ 정도 되는 뿌리는 7개 정도로 나뉘어 심을 수 있는 분량이에요.

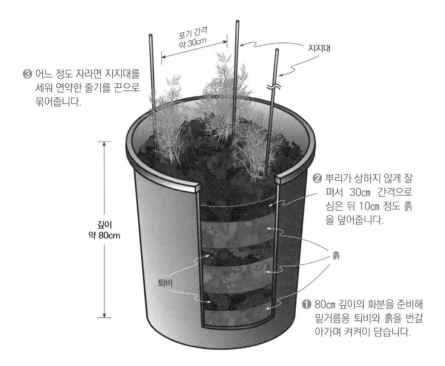

포기 간격 약 30cm

지지대

❸ 어느 정도 자라면 지지대를 세워 연약한 줄기를 끈으로 묶어줍니다.

❷ 뿌리가 상하지 않게 잘 펴서 30cm 간격으로 심은 뒤 10cm 정도 흙을 덮어줍니다.

깊이 약 80cm

흙

퇴비

❶ 80㎝ 깊이의 화분을 준비해 밑거름용 퇴비와 흙을 번갈아가며 켜켜이 담습니다.

아이스플랜트Iceplant

작물의 성질 잎과 줄기 표면에 송골송골 맺혀 있는 '주머니 세포(Bladder cell)'가 얼음알갱이처럼 보여 '아이스플랜트'란 이름이 붙여졌다. 투명한 결정체처럼 보이는 이 주머니 세포는 표피세포가 변형·확대된 것으로 나트륨이 많이 들어있으나 이노시톨Inositol류, 베타카로틴β-carotene과 같은 인체에 유용한 성분도 함유하고 있다. 씹으면 아삭아삭하여 식감이 좋으며, 뿌리에서 땅속의 염분(나트륨)을 빨아 올려서 소금처럼 짠맛이 난다.

유효성분 인슐린과 비슷한 작용을 하는 '피니톨Pinitol'을 많이 함유하고 있어 혈당을 낮춰준다. '미오이노시톨Myo-inositol'은 지방간을 막아주는 것으로 알려져 있다. 짠맛이 나는 식물이지만 나트륨과 칼륨이 거의 비슷한 비율로 들어있어 섭취 후에는 함께 체외로 배출된다. 각종 미네랄과 비타민 성분이 풍부하며, 식이섬유가 많아 포만감을 높여준다.

아이스플랜트

원산지와 과 남아프리카의 나미브 사막이 원산지로, 번행초과에 속하는 다육식물이다.

토양 배수가 잘 되는 사질토양에서 잘 자란다. 중금속이 흡수되지 않도록 토양관리를 잘 해준다. 잡균이 들어가 있지 않은 원예용 배양토를 구입하여 재배하면 좋다.

온도 생육에 알맞은 온도는 18~20℃이다.

광량 여름철에는 차광을 해서 지나친 더위를 막아주고, 겨울철에는 양지바른 창가에서 재배한다.

수분 겉흙이 마르면 물을 준다. 장소에 따라서는 아침저녁으로 하루 두 번 줄 경우도 있다. 물을 줄 때는 표면의 주머니 세포가 손상되지 않도록 안개비처럼 살살, 충분히 주도록 하고, 빗물은 주지 않도록 한다.

수확시기 종자가 너무 작기 때문에 모종판 흙 위에 살짝 뿌려주는 정도로 파종, 모종으로 길러 옮겨 심는다. 싹트는 기간이 30~40일 걸리고 발아율도 낮으므로 초보자는 본 잎이 4~5장 달린 모종을 구입하여 재배하는 게 좋다. 생육은 1차 줄기가 형성되는 생육전기와 그 뒤 생육후기로 구분된다. 발아 후 계란 모양의 대형 잎이 7장 정도 형성되면 1차 줄기의 생장은 멈춘다. 파종 후 60일이 지나면 1차 줄기에 달린 잎의 옆구리 부분에서 곁가지가 발생하는데, 2~3차를 거쳐 4차 곁가지를 형성할 때까지 성장한다. 생육후기에는 잎의 육질이 두꺼워지고 소형화되어 주머니 세포가 발달한다. 이 주머니 세포가 많이 발달하면 4차에 걸쳐 뻗은 곁가지 위쪽으로 2~3개의 잎이 달린 줄기를 수확한다.

기타 잎이 여리기 때문에 수확 후에는 흐르는 물에 한 번만 헹궈낸다. 김밥에 단무지 대신 넣거나 우유와 함께 갈아 마시는 것도 좋고, 토마토와 함께 먹으면 토마토의 수분을 보호할 수 있어 궁합이 잘 맞는다.

모종으로 아이스플랜트 재배하기

❶ 본 잎이 4~5장 형성된 모종을 구입하여 흙 부분에만 분무기로 물을 뿌려 촉촉하게 해줍니다.

❷ 지름 약 20㎝ 되는 화분에 뿌리가 다치지 않도록 조심해서 옮겨 심습니다.

❸ 모종을 심고 20일 후부터 급성장하기 시작하고, 2개월 후부터 수확할 수 있어요.

❹ 비료는 주 1회 조금씩 주도록 합니다.

❺ 천일염이 들어간 소금물을 0.1% 농도로 희석하여 1주일에 한 번 주면 좋아요.

물냉이

작물의 성질 꽃은 냉이를 닮았고, 물가에서 자라며 성질은 평이하다. 물냉이 말고도 크레송 Cresson, 물겨자, 서양미나리 등 다양한 이름으로 불린다. 미나리처럼 줄기 마디에서 수염처럼 하얀 뿌리가 나오고, 톡 쏘는 매운맛이 난다. 서늘한 기후에서 잘 자라는 향신채소이다.

유효성분 비타민 C가 사과의 10배나 들어 있다. 비타민 K와 비타민 A도 풍부해 천연비타민제라 부를 정도다. 물냉이 한 컵 분량에는 하루 권장량 만큼의 비타민 K가 들어 있다. 비타민 K는 피가 엉기는 것을 조절하고 염증을 줄여준다. 칼슘의 함량도 우유보다 많다. 항산화 성분인 '루테인 Lutein'이 풍부해서 눈을 맑게 해준다.

물냉이

하루 80g 정도의 물냉이를 매일 먹으면 DNA의 손상을 줄일 수 있다. 니코틴 해독에 좋고, 요오드를 많이 함유하고 있어 내분비선이나 호르몬선에 유익하다. 대장암·방광암에도 도움이 된다.

원산지와 과 유럽이 원산지로 십자화(배추)과에 속한다.

토양 비옥한 점질양토나 사질양토가 적합하다.

온도 서늘한 기후에서 잘 자라고, 생육온도는 15~20℃이며, 여름에는 시원하고 겨울에는 따뜻한 곳에서 생육이 좋다.

광량 반그늘에서 재배하도록 한다.

수분 본 잎이 나오기 시작하면 물을 자주 준다. 정식 후 뿌리가 내리기 시작하면 물의 깊이를 5~10㎝로 유지한다.

수확시기 봄철과 가을철에 수확이 가능하다. 물냉이가 어느 정도 자라면 4~6주마다 칼이나 전지가위를 이용해 줄기를 6~8㎝ 길이로 잘라 수확한다. 줄기에 수염뿌리가 나와 있는 것은 피한다.

기타 비타민 섭취가 부족해지기 쉬운 겨울철에 물냉이를 재배하면 천연비타민을 수시로 섭취할 수 있다. 겨울철에 건조해지기 쉬운 실내에서 재배하면 습도를 높여주는 가습기 역할까지 한다.

물냉이 간단 재배법

물냉이는 잎과 줄기를 잘라 물 위에 던져 놓아도 뿌리를 내려 자랄 정도로 생명력이 좋아요. 깨끗하고 흐르는 물 위에서 재배하면 잘 자랍니다.

물에서 키우기
❶ 구멍이 뚫리지 않은 깊이 5㎝ 정도의 화분을 준비해요.
❷ 화분 안에 펄라이트를 넣은 후 펄라이트가 잠길 만큼만 물을 붓습니다.
❸ 펄라이트 위에 씨앗을 뿌리고 발아하는 동안에는 분무기로 물을 자주 뿌려주세요.
❹ 그늘진 곳에 놔뒀다가 싹이 트면 화분을 밝은 곳으로 옮기세요.

흙에서 키우기
❶ 넓은 화분에 비옥한 점질양토, 혹은 사질양토를 넣어주세요.
❷ 씨앗을 뿌린 후 10㎝ 정도로 키운 다음 어린잎을 수확합니다.
❸ 더 키우고 싶다면 20㎝ 간격으로 2포기씩 나누어 큰 화분에 옮겨 심어요.

셀프재배 12

바질_{Basil}

바질

작물의 성질 맛은 달며 성질은 따뜻하다. 음식의 소화를 도와주며 나쁜 기운을 없앤다. 토마토와 요리 궁합이 잘 맞는다.

유효성분 비타민 E와 항산화제인 '토코페롤_{Tocopherol}' 함유량이 많고 미네랄도 다량 들어 있어 독소 제거에 효과적이다. 바질 향기는 머리를 맑게 하고 두통을 없애준다. 기의 원활한 순환을 돕고, 혈액순환도 촉진한다. 해독과 부은 상처를 완화하는 효능도 있다. 씨앗은 다이어트에 사용된다.

원산지와 과 인도, 열대아시아가 원산지로, 민트과에 속한다.

토양 배수가 잘 되며 부식질이 많이 섞인 가볍고 비옥한 흙을 좋아한다.

온도 기온이 5℃ 이하로 내려가거나 조금이라도 서리를 맞게 되면 시들어 죽기 때문에 겨울철 온도 관리에 특히 주의한다. 가을이 되면 다른 허브들보다도 일찍 따뜻한 실내로 들여놓는다.

광량 햇빛을 아주 좋아하므로 직사광선이 비추는 곳이 좋다. 통풍도 잘 되도록 한다.

수분 물 빠짐과 보수력이 좋은 흙이 알맞다. 겉흙이 마르면 화분 흙을 전부 적실 정도로 물을 흠뻑 준다.

수확시기 20㎝ 정도 자라 곁가지를 키우면 본줄기에서 나온 잎을 수확할 수 있다.

기타 바질은 물 컵에 꽂아만 놓아도 뿌리가 날 정도로 꺾꽂이가 쉬운 작물이다. 꺾꽂이 방법도 간단하다. 줄기를 약 5㎝로 잘라 잎을 두 장 남기고 상토에 꽂아 둔다. 물을 자주 주면서 그늘에서 관리한 후 새 잎이 나오면 밝은 곳으로 옮긴다.

바질 순지르기

바질은 파종 후 8~12주 후부터 수확이 가능하며, 줄기가 20㎝ 이상 자랐을 때 줄기 상단부를 잘라주면(순지르기) 옆으로 곁가지가 새로 나와 잎을 무성하게 키울 수 있습니다. 순지르기 한 바질은 요리에 활용하거나 물에 꽂아두었다가 뿌리가 내리면 꺾꽂이를 해서 번식시켜요.

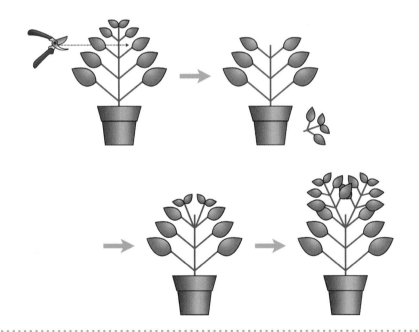

머위

작물의 성질 맛은 쓰고 성질은 차가운 알칼리성 작물이다. 저온성 식물로 태양이 강한 한여름을 제외하고는 연중 재배가 가능하다. 영하 20℃에서도 땅을 뚫고 자랄 정도로 강인한 생명력을 지니고 있다.

유효성분 프랑스·독일 등 유럽에서 탁월한 암치료제로 인정받고 있다. 잎과 자루에는 항산화 성분인 폴리페놀$_{Polyphenol}$류가 풍부하다. 특히 '퀘르세틴$_{Quercetin}$'이라는 물질은 항바이러스 효과와 콜레스테롤을 배출시키는 효능이 있다. 강력한 항암성분이 있어 암의 전이를 줄이고 통증도 완화시켜준다. 비타민 A의 성

머위

분을 많이 함유하고 있어 머위 70g만 먹어도 하루 권장량의 대부분을 섭취할 수 있다. 섬유질도 다량 들어있어 변비 치료에 좋고, 비타민 A·B$_1$·B$_2$와 칼슘, 칼륨이 풍부해서 골다공증 치료에도 효과적이다.

원산지와 과 유럽, 아시아 원산으로, 국화과에 속한다.

토양 물 빠짐이 좋고 다습한 토양에서 재배한다.

온도 10~23℃에서 잘 자라고 26℃ 이상이 되면 말라 죽기 때문에 온도 관리에 주의한다. 그러나 뿌리로 번식하기 때문에 여름에 고사해도 뿌리가 살아있다면 다시 잎이 올라온다.

광량 약간 그늘진 곳을 좋아하므로 아파트의 경우 볕이 잘 드는 곳이나 남향 베란다에서 충분히 키울 수 있다.

수분 잎이 커서 수분 증발량이 많으므로 흙이 마르지 않도록 하루에 한 번 정도는 물을 주어 흙이 촉촉한 상태가 되도록 관리한다.

수확시기 뿌리를 심은 후 10일 지나면 싹이 올라오고, 30일이 지나면 쌈채소로 활용할 수 있을 만큼 자란다. 수확한 후에는 퇴비를 주도록 한다.

기타 화분으로 재배할 때는 뿌리가 10~15㎝ 깊이로 자라고 옆으로 뻗기 때문에 폭이 넓은 화분이 좋다. 뿌리 하나에서 잎이 계속 올라오므로 여름을 제외한 세 계절은 집에서도 충분히 셀프재배가 가능하다.

크랜베리Cranberry

작물의 성질 냉한 성질을 가진 크랜베리는 덩굴성 작물이다. 땅을 기어 다니는 특성이 있고 길이는 1m까지 자란다. 6월에 연분홍색 꽃이 피며, 잎은 작고 두껍다. 북미 인디언들이 즐겨 먹었던 슈퍼푸드 가운데 하나다.

유효성분 항박테리아 효과가 있어 요로 감염과 신장결석 치료에 좋다. '안토시아닌Anthocyanin', '플라보놀Flavonol', '프로안토시아니딘Proanthocyanidin' 같은 다양한 항산화 성분이 들어 있다. 시큼한 맛을 내는 프로안토시아니딘은 신체를 정화시켜 준다. 고농도의 '폴리페놀Polyphenol' 성분은 심장 건강을 지켜주고 위궤양을 유발하는 세균이 위벽에 달라붙는 것을 막아준다.

크랜베리

원산지와 과 북미가 원산지로 블루베리와 같은 진달래과에 속한다.

토양 모래가 많은 사질토, 유기물이 많은 습한 토양에서 잘 자란다. 피트모스와 부엽토를 반반 섞어 사용하거나 블루베리 상토를 구입하여 화분에서 재배할 수 있다.

온도 추위에 강하나 어린 묘는 기온이 영하로 떨어지지 않도록 주의한다.

광량 햇빛이 잘 드는 곳을 좋아하지만 반그늘에서도 잘 자란다.

수분 습기를 좋아하므로 토양이 항상 젖어 있도록 해야 한다.

수확시기 심는 간격은 30×30㎝로 하는데, 4월부터 11월까지 무성하게 자라고 2년 후에는 열매 수확이 가능하다. 된서리가 내리기 전에 수확한다. 열매는 빨갛고 크기는 블루베리보다 1.5㎝ 가량 크다. 맛은 새콤하고 달콤하다. 미국의 대규모 농장에서는, 공기주머니가 있어 물에 뜨는 열매의 성질을 이용해 수중 수확한다.

기타 공중에 걸어놓는 화분에서 재배해도 가지를 아래로 늘어뜨리며 잘 자란다. 삽목(꺾꽂이)도 누구나 손쉽게 할 수 있다. 삽목하는 길이는 20㎝가 적당하다. 꼭대기 잎 두 장만 남기고 아래 나머지 마디의 잎은 모두 훑어낸 후, 잎이 달린 쪽이 위로 가도록 상토에 꽂는다. 물이 마르지 않도록 촉촉하게 해주면 20일 뒤에 뿌리가 나온다.

크랜베리 간단 요리

크랜베리양파쨈 만들기

❶ 양파 600g(약 2개), 설탕 400g, 말린 크랜베리 70g, 발사믹식초 80㎖, 레드와인 60㎖를 준비합니다.

❷ 말린 크랜베리는 레드와인에 담가 잠깐 불리고, 양파는 다진다는 느낌으로 아주 잘게 썹니다.

❸ 와인에 불린 크랜베리, 잘게 썬 양파, 발사믹식초, 설탕을 냄비에 넣고 끓이세요.

❹ 재료가 끓어오르면 중불로 자작해질 때까지 졸입니다.

❺ 완성된 쨈을 빵, 치즈와 곁들여 드세요.

크랜베리소스 만들기

❶ 크랜베리 350g, 오렌지 1개, 메이플시럽 1/4컵, 물 1/4컵, 다진 생강(1작은술), 다진 로즈마리(1작은술)을 준비합니다.

❷ 위 재료를 냄비에 넣고 쨈 만들 듯이 끓이세요.

❸ 끓어오르면 중불로 자작해질 때까지 졸여요.

❹ 졸이는 중간에 맛을 보면서 입맛에 따라 메이플시럽이나 다진 로즈마리를 더 넣습니다.

❺ 식힌 후 닭가슴살, 소고기 스테이크 등에 곁들입니다.

삼백초

작물의 성질 성질은 차고, 맛은 쓰고 맵다. 수목통水木通이라 부를 정도로 물을 좋아한다. 습지에서 자라는 다년초로 진흙 속에서 옆으로 뻗어간다. 꽃과 뿌리가 백색이고, 꽃이 피면 줄기 끝의 잎 2~3장이 희어져 삼백초三白草라 한다. 우리나라 토종식물인 삼백초는 환경부 지정 멸종위기 2급 식물 제177호로 관리되고 있다.

유효성분 삼백초는 멸치와 우유보다 칼슘 함량이 월등하게 많아 '천연칼슘제'로 불린다. 칼륨도 많이 들어 있어 나트륨 배출을 원활하게 해주어 고혈압 예방에 효과적이다. 대변과 소변을 잘 나오게 하고 몸의 붓기를 없애준다. 삼백초의 정유 성분에는 강한 항산화 효과와 함께 항

삼백초

암·항염증의 효능까지 있는 것으로 알려진 '퀘르세틴Quercetin'이 다량 함유되어 있다. 양파 껍질에도 포함돼 있는 퀘르세틴 성분은 고혈압에 좋고, 생리 불순, 자궁염과 같은 부인병 예방에도 좋다. 또한 습기에 강한 성질을 가지고 있어 몸에 습기가 많아 발생하는 대하 증상이나 습진에도 효과가 있다. 탄닌Tannin 성분은 독성물질을 분해해준다.

원산지와 과 우리나라 제주도가 원산지로 삼백초과에 속한다.

토양 수분이 충분하고 유기물 함량이 풍부하며 보수력이 양호한 양토나 식

양토가 좋다.

온도 여름철 기온이 선선하고 온화한 기후에서 잘 자란다.

광량 반그늘인 곳에서 잘 자란다.

수분 강우량이 풍부한 지역에서 잘 자라므로 공기 중 습도를 높게 하고, 이틀에 한 번 물을 충분하게 준다.

수확시기 삼백초 뿌리는 30×15㎝ 간격으로 3~4줄 심는데, 3㎝ 깊이로 눕혀서 심는다. 키는 50~100㎝로 자라며, 잎은 5~15㎝ 길이로 자란다. 봄에 뿌리를 심으면 그 해 가을, 9월 하순~10월 상순에 수확하거나 다음 해 꽃이 피는 6월 하순~7월 상·중순에 수확할 수 있다. 줄기 상단의 어린잎 3~4장을 남기고 그 아래의 잎들을 아침에 이슬이 마른 후 수확한다.

기타 삼백초는 병충해에 강해서 손이 덜 가는 작물이다. 다만 겨울철에 기온이 영하로 떨어지는 곳은 뿌리가 얼지 않도록 짚 등으로 여러 겹 덮어서 추위를 막아 월동시키도록 한다.

삼백초 뿌리 잘라 심기

부위에 따라 마디 간 길이가 다르나 3~4마디를 한 단위로 대략 7~8㎝ 길이로 뿌리를 잘라 심어요. 뿌리가 60㎝까지 자라므로 화분에 심을 경우 깊이가 깊은 화분을 마련해야 합니다. 화단이나 노지에 심을 경우에는 30㎝ 이상 간격을 두고 심습니다. 그래야 뿌리가 엉키지 않아요. 아미노산이 풍부한 다시마나 멸치 비료를 주면 생육상태가 좋아집니다.

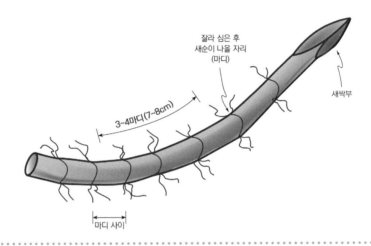

잘라 심은 후
새순이 나올 자리
(마디)

새싹부

3~4마디(7~8cm)

마디 사이

당귀

작물의 성질 '나쁜 피를 없애고 원래의 피로 되돌아오게 한다'는 뜻을 지닌 당귀는 맛이 달고 매우며 따뜻한 성질을 갖고 있다. 낡은 피를 없애고 피를 보충하는 효능이 있어 산전·산후의 부인병 치료에 많이 사용된다. 당귀는 우리나라와 중국의 동북부지역에서 유래, '산당귀'라고도 부르는 '참당귀'가 있으며, 이와 함께 일본 북부지역에서 유래하고 '잎당귀'로도 부르는 '일당귀'가 있다. 참당귀는 주로 중북부 산간 고랭지에서 재배되고, 일당귀는 우리나라 전역에서 재배되고 있다. 참당귀는 향이 진하고 줄기색은 암녹색, 꽃은 자줏빛이며, 일당귀는 향이 덜하고 줄기색은 적자색, 꽃은 흰빛을 띤다.

유효성분 '쿠마린Coumarin' 유도체인 '데커신Decursin' 성분이 들어 있다. 데커신은 뇌세포를 활성화시켜 치매를 예방하고, 뇌 안의 독성 물질을 감소시켜준다. 철분, 엽산, 비타민 성분들이 풍부해 빈혈, 영양 부족에 효과적이고, 혈액순환을 좋게 한다. 이 밖에도 면역세포 활성화, 항암 및 당뇨 개선 효과가 있다.

당귀

원산지와 과 참당귀는 우리나라와 중국, 일당귀는 일본이 원산지다. 미나리과에 속한다.

토양 물 빠짐이 양호한 양토나 식양토가 좋다.

온도 서늘한 곳이 알맞다. 7~8월의 평균기온이 20~22℃ 정도인 중북부 산간 고랭지 등 일교차가 크고 일사량이 많은 지역에서 생육이 잘 된다.

광량 햇빛이 드는 시간이 짧고 그늘진 곳에서 잘 자라므로 햇빛이 잘 드는 곳은 60% 정도 차광遮光을 하도록 한다.

수분 항상 습기가 있도록 수분 관리를 해주어야 한다.

수확시기 꽃이 늦게 피는 만추당귀는 중산간 고랭지에서 잘 적응하는 품종으로, 비닐하우스에서 재배할 경우에는 파종 후 2년차에 100% 꽃대가 올라오므로 1년차에 수확하여 약재로 쓴다. 노지 재배 시에는 파종 후 3년차에 100% 꽃대가 올라오므로 2년차에 수확한다. 육묘기간은 온상에서 1~2월에 파종할 경우 60~90일 정도 걸린다. 이식 후 토양 수분 관리를 잘 해주어야 생육이 원활하다. 생육초기에 퇴비(비료)를 주면 꽃대가 빨리 올라올 수 있으므로 후기에 주는 것이 좋다. 꽃대가 올라오면 뿌리가 목질화木質化 되어 약효가 떨어진다.

기타 참당귀의 잎과 줄기는 이른 봄에 나물로 먹고, 뿌리는 꽃이 피기 전 7~8월이나 서리가 내린 후부터 눈이 내리기 전까지 캘 수 있다. 품종은 만추당귀가 좋다. 쌈이나 샐러드용으로는 일당귀를 더 선호한다.

쌈, 샐러드용 일당귀 재배하기

일당귀는 여러해살이풀로, 높이 60~90cm까지 자랍니다.
모종을 심은 후 한 달이면 수확이 가능하며, 모종이 마르지 않도록 관리하는 것이 중요해요. 뿌리를 구하여 재배할 경우에는 뿌리의 머리 쪽이 0.8cm 이하의 것이 꽃대가 늦게 올라와 좋습니다.

❶ 씨앗에는 발아억제물질이 있으므로 산소 공급이 잘 되도록 흐르는 물에 3일 이상 담가 수분을 충분히 흡수시켜 발아억제물질을 제거합니다.

❷ 거름을 충분히 넣고 20×25cm 간격, 점뿌림으로 파종을 하세요.

❸ 3월 말~5월 초순에 파종하면 약 2주일 후 싹이 납니다.

❹ 싹이 난 후에 본 잎이 3~5장 자라면 1포기 정도 남기고 솎아주세요.

❺ 5월 말~7월 초순에 수확할 수 있습니다.

❻ 7월 중순~8월 중순에 파종하면 10월 초순부터 수확이 가능합니다.

초석잠

작물의 성질 땅콩과 비슷하게 덩이
줄기가 생긴다. 덩이줄기 끝에는 골
뱅이 형태의 나선형 덩이뿌리(구근)
가 형성된다. 성질은 차고 잎에는
잔털이 나있으며 꽃은 자홍색이다.
야콘Yacon, 콩, 고구마처럼 밤이 낮
보다 길어지기 시작하는 절기인 하
지가 지나야 결실이 된다. 초석잠과

초석잠

혼동하기 쉬운 작물이 있는데, '석잠풀'과 '택란'이다. '석잠풀'은 땅속줄기
가 옆으로 길게 뻗고 흰색이며 덩이뿌리가 누에 모양을 한 것으로 주로 습지
에서 자라고 호흡기 질환에 약효가 있다. '택란'은 덩이줄기가 없고 주로 잎
과 줄기가 이용되는 작물이며 심장에 좋다.

유효성분 '초석잠'은 여러 작물 가운데 유일하게 신경 전달물질인 '콜린
Choline'과 '페닐에타노이드Phenylethanoid'를 함유하고 있다. 콜린은 신경작용에
중요한 역할을 하는 아세틸콜린Acetylcholine의 한 성분으로, 장기기억의 통로
가 되는 '해마'의 재생에 필수적인 요소이다. 뇌로 들어가 뇌세포에 직접 작
용한다. 기억을 돕는 생화학 물질을 생성해 기억력을 증진하고 치매를 예방
해준다. 페닐에타노이드는 뇌경색, 뇌졸중을 막아준다. 올리고당을 함유,
장 기능을 개선해주며, '알긴산Alginic acid'도 함유하고 있어 지방이 쌓이는 것
을 예방하고 혈액순환을 원활하게 해서 지방간의 형성을 막아준다.

원산지와 과 중국이 원산지이며, 꿀풀과에 속한다.

토양 물 빠짐이 좋은 비옥한 토양, 사질토가 좋다

온도 추위에 강하며 여름철에 30℃
이하로 관리해준다.

광량 일조량이 많아야 좋다.

수분 땅콩 재배와 마찬가지로 물을
흠뻑 주어야 잘 자란다. 여름철 온
도가 높을 때는 수분을 자주 보충해
준다.

초석잠 덩이뿌리

수확시기 초석잠은 평당 10㎏ 정도
유기질 비료를 주어야 하는 다비성 작물이다. 덩이뿌리는 6g 이상의 큰 것이
라야 수확량이 많다. 4월 초·중순에 30㎝ 간격으로 싹눈이 위로 올라오도록
심는다. 싹눈이 부러지더라도 옆에서 다시 올라오므로 그대로 심어도 괜찮다.
7~15㎝ 깊이로 심어 준다. 4월 말에 순이 올라오고, 5월 말~6월 초순에 30㎝
정도의 높이로 자라면 줄기의 생장점을 잘라주어 뿌리 쪽으로 영양분이 가도
록 한다. 10월 초순이면 덩이뿌리가 형성되기 시작하는데, 서리가 내린 뒤 잎
과 줄기가 바짝 마르면 덩이뿌리를 캐기 시작한다. 11월부터 3월까지 수확이
가능하다.

기타 초석잠은 강황(울금)과 음식궁합이 잘 맞는다. 겨울철에 덩이뿌리를 냉
동고에 넣지 않도록 주의한다. 덩이뿌리를 보관하기 위해서는 스티로폼 상
자에 좋은 흙을 채우고 그 속에 넣어 차가운 곳에 둔다.

택란의 효능과 삽목(꺾꽂이)

'쉽사리'라고 부르는 '택란'은 주로 습지에 무리지어 자라며 덩이뿌리가 없고 뿌리줄기에 수염뿌리가 있습니다. 택란의 뿌리는 삼백초 뿌리처럼 가늘어요. 6~8월에 하얀 꽃이 피고 1m까지 자랍니다.

말린 잎과 줄기를 약으로 쓰는데, 성질이 따뜻해요. '사포닌Saponin', '탄닌Tannin', 유기산, 아미노산 등의 성분이 함유되어 있어 심장에 좋아요. 어혈을 풀어주고 혈액순환을 원활하게 하며 중풍, 고혈압, 산전·산후의 부인병 등에 효능이 있습니다. 잎과 줄기 6~12g을 물 800㎖에 넣고 반으로 달여서 아침저녁으로 마시면 좋아요.

택란 삽목 번식법

❶ 줄기 두 마디를 자릅니다.

❷ 한 마디는 땅 속으로 들어가게 묻고 한 마디는 땅 위로 나오게 심어요.

❸ 10일 정도 그늘진 곳에서 수분이 마르지 않게 촉촉하게 물을 주며 관리를 해 주세요.

❹ 1주일 후 뿌리가 잘 뻗은 것을 골라 넓은 화분이나 노지에 옮겨 심어요.

차즈기

작물의 성질 성질은 따뜻하고 맛은 매우며 독이 없다. 들깨와 비슷하지만 전체가 자줏빛을 띠고 독특한 향이 있다. 한방에서는 '자소엽'이라 부른다. 잎 앞면이 녹색인 것을 청소엽이라 하는데, 꽃은 희고 향기는 차즈기보다 강하다. 꽃 모양이 입을 벌린 뱀처럼 생긴 '배암차즈기'는 차즈기와 모양과 약효 면에서 차이가 있다. 배암차즈기는 설견초, 곰보배추로 불리며 겨울을 이겨내는 내한성을 가지고 있고 천연항생제로 통한다.

유효성분 비타민 C, 칼슘, 철분, 칼륨, 식이섬유 등 염증에 효과가 있는 성분들이 많다. 소화기 및 호흡기 질환을 다스리고 이뇨를 원활하게 해주며 신경안정 효과도 있다. 자소자紫蘇子로 불리는 차즈기 씨앗은 차가운 기운을 없애주어 숨이 찬 증상과 기침을 낮게 한다. 설탕보다 강한 단맛을 내는 '페릴알데하이드Perillaldehyde'

차즈기

성분이 들어 있다. 페릴알데하이드는 차즈기 고유의 향이 나게 하고 천연방부제 역할을 하여 식중독을 예방한다.

원산지와 과 중국이 원산지이며, 꿀풀과에 속한다.

토양 배수가 잘되고 부드러운 사양토가 좋다.

온도 생육 적정온도는 20~30℃이다.

광량 햇볕이 잘 드는 곳에서 잘 자란다.

수분 흙의 수분이 마르면 잎이 손상되므로 물 관리를 잘 해야 한다. 흙의 표면이 말랐을 때는 물을 충분하게 준다.

수확시기 싹이 트려면 온도가 25℃ 정도 되어야 하고, 빛이 있어야 발아되는 호광성好光性 종자이다. 4월 중·하순에 씨앗을 파종하고 흙은 얇게 덮어준다. 5월에는 모종으로 심고 25~30㎝ 간격을 유지한다. 본 잎이 10장 이상 되었을 때부터, 6~10월까지 수시로 잎을 수확할 수 있다. 씨는 가을에 털어 볕에 말려서 쓴다.

기타 씨앗은 살짝 볶은 뒤 기름을 짜서 식용하면 좋다. 기름을 짜고 남은 유박은 알코올에 우려 음식 부패를 막아주는 천연방부제로 사용할 수 있다. 잎은 차로 이용하고, 남은 차즈기 찌꺼기를 우려낸 물로 세안하면 피부미용에 도움이 된다. 효소나 장아찌로 담가 먹거나 생선 요리에 활용하면 좋다. 그러나 잉어 요리에는 사용하지 않는다.

생활 속 차즈기 활용법

효소 만들기
평소 감기와 비염으로 고생하고 있다면 효소로 만들어 먹으면 좋아요.
- 수확하여 말린 잎(자소엽)과 유기농 설탕 30%를 넣고 밀봉합니다.
- 100일 동안 발효 후 숙성시켜(3개월~3년) 희석(효소:물=1:5)하여 섭취합니다.

차즈기 수프 만들기
자기 전에 차즈기 수프를 먹으면 손발이 따뜻해지면서 숙면을 취할 수 있습니다.
- 차즈기와 파(혹은 과일)를 가늘게 썰어 수프를 만듭니다.

차즈기 차 만들기
- 차즈기 잎 20g을 한지에 싸고 프라이팬에 굴려가며 살짝 덖어줍니다.
- 6컵 분량의 물을 끓인 후, 덖은 차즈기 잎을 넣고 30분간 우려내 마셔요.

차즈기 발모 팩 만들기
- 차즈기 말린 잎 100g, 어성초 말린 잎 200g, 말린 녹차 100g, 담금주 20ℓ를 용기에 넣고, 뚜껑을 약간 열어서 3개월간 발효시킵니다.
- 원액을 스프레이에 담아 아침저녁으로 머리에 팩을 해줍니다.

이 밖에 차즈기로 매실염장(우메보시)와 캘리포니아롤, 스시밥 등을 만들어 먹을 수도 있어요.

방풍

작물의 성질 맛이 달고 매우며 따뜻한 성질을 가졌다. 어릴 때 맛과 향기가 좋다. 풍을 막는다는 뜻으로 '방풍防風'이라는 이름을 가질 만큼 중풍 예방에 좋다고 알려져 있다. 생약명으로는 '식방풍'이라 한다. 혈액을 맑게 하고 비타민을 많이 함유하고 있어 방풍이 들어가지 않는 약재가 없을 정도로 광범위하게 쓰인다.

유효성분 방풍은 대부분의 미나리과 채소처럼 중금속을 흡수하여 몸 밖으로 배출하고 해독작용을 한다. 방풍 특유의 향은 '쿠마린Coumarin'이란 성분에 의한 것으로, 쿠마린은 혈액응고를 방지하고 땀이 잘 나도록 하여 호흡기질환에 효능이 탁월하다. 미세먼지, 초미세먼지가 체내에

방풍

흡수되지 않도록 방어막을 구축하고 풍을 예방해준다.

원산지와 과 중국이 원산지로, 미나리과에 속한다.

토양 건조한 모래흙에서 잘 자란다. 화분 재배 시 흙은 원예용 배양토 80%, 마사토 10%, 퇴비 10%를 섞어 사용한다.

온도 서늘한 기후를 좋아한다.

광량 햇빛이 잘 드는 양지바른 곳이 좋다.

수분 여름철에는 1~2일에 한 번 물을 주고, 봄·가을철에는 2~3일에 한 번 준다.

수확시기 심는 간격은 30×20㎝가 적당하다. 씨앗을 뿌리면 한 달 후 잎을 수확할 수 있으며 연중 새잎이 나오므로 잎을 채취하는 기간이 길다. 뿌리는 2년 정도 재배하면 수확할 수 있다.

기타 어린잎을 된장이나 고추장 양념에 무쳐 나물로 먹는다. 육류와 함께 먹으면 방풍 특유의 향으로 육류 냄새를 줄여주고 소화를 돕는다. 그러나 쿠마린이 천연살충제로도 사용되므로 농축된 즙보다는 나물무침이나 쌈채소, 방풍 떡, 방풍 장아찌 등의 반찬으로 먹는 것이 좋다.

나물로 먹기 위한 방풍 재배법

❶ 냉장고에 1주일 정도 넣고 5℃ 이하로 저온처리를 해주세요.
❷ 발아억제물질을 제거하기 위해 약 3일(72시간) 동안 물에 불립니다.
❸ 씨앗이 작으므로 손쉽게 뿌리기 위해 모래와 3:1로 섞어 모종판이나 화분에 엄지와 검지로 집어 뿌립니다.
❹ 적정 발아온도 20℃를 유지하며 발아될 때까지 물을 충분히 주세요.
❺ 방풍은 뿌리를 깊게 뻗는 심근성深根性 작물이므로 깊이가 30㎝ 이상 되는 화분을 준비합니다.
❻ 파종한 지 9일 전후로 싹이 나면 30일 정도 기른 후 화분에 옮겨 심어요. 한 달이 지나면 쌈채소용으로 잎을 수확할 수 있습니다.
❼ 어린잎, 쌈용은 연중 수확할 수 있고, 뿌리를 수확하려면 2년 정도 재배합니다.

작두콩

작물의 성질 꼬투리 모양이 칼, 작두를 닮아 칼콩, 작두콩이라 부르며, 성질은 평온하고 맛이 달다. 배를 따뜻하게 하여 흥분된 기를 안정시키고 위·대장·신장에 이롭다. 대부분 덩굴성으로 4~5m까지 성장한다. 꼬투리 하나에 10개 내외의 콩알이 들어있으며, 콩알의 크기는 엄지손가락만하다. 콩의 배꼽 길이는 콩알 길이의 3/4 정도 되고, 붉은 콩, 흰 콩 두 종류가 있다. 붉은 콩은 꼬투리를, 흰 콩은 콩을 주로 이용한다.

유효성분 아미노산의 일종인 '카나바닌Canavanine'과 요소를 분해하는 '우레아제Urease', 다당류를 분해하는 '아밀라아제Amylase' 등 여러 가지 효소가 아주 풍부하다. 항바이러스·항염작용을 하는 '플라보노이드Flavonoid', 필수아미노산인 '히스티딘Histidine'이 다량 포함되어 있으며, 비타민 B군이 일반 콩의 4~5배나 많다. 다른 콩에 없는 비타민 A와 C가 들어 있다. 카나바닌 성분은 화농을 빼주며 체액을 정화하고 혈액순환을 촉진하는 작용이 있어서 비염, 잇몸병, 종기, 염증성 질환, 치질 등에 효과가 있다. 어린 꼬투리의 영양분은 수분이 89.0%, 단백질 2.4%, 지방 0.14%, 탄수화물이 5.3%, 섬유 및 무기질 3.2%로 동부, 강낭콩과 큰 차이는 없으나, 혈액순환을 돕는 성분 등이 포함되어 있다.

작두콩

원산지와 과 원산지는 열대아시아 지역으로, 콩과에 속한다.

토양 척박한 토양이나 산성 토양에서도 잘 자라므로 양토에서 사질토까지 모두 재배가 가능하다.

온도 열대지역이 원산지여서 고온을 좋아하고, 25℃ 전후가 생육에 적합하다.

광량 햇빛을 충분하게 받을 수 있는 곳이 좋다.

수분 너무 건조하지 않게 관리하고, 물을 줄 때는 충분하게 준다.

수확시기 껍질이 매우 단단해 파종 시 발아가 어려울 뿐만 아니라, 발아기간도 길어 이 과정에서 부패될 우려가 있으므로 셀프재배 초보자라면 모종으로 재배하는 것이 좋다. 4월 말이나 5월 초순에 모종을 구입하여 줄 간격 60㎝, 포기 간격 30㎝ 정도의 넓이로 심는다. 줄기가 20㎝ 정도 자라면 높이 2m 이상 되는 튼튼한 지지대를 세워준다. 세 번째 본 잎이 10㎝가량 자랐을 때 생장점을 잘라내 꼬투리로 양분이 모이도록 해준다. 어린 꼬투리는 7월부터 솎아주면서 10~15㎝ 정도 되는 것을 수확한다. 종자는 서리가 내리기 전 10~11월에 수확한다.

기타 작두콩에 들어 있는 '콘카나발린 A_Concanavalin A'는 해독과 항암작용이 뛰어나지만 체내 점막세포에 부착해 소화·흡수를 저해하므로 독성물질을 빼주어야 한다. 요리하기 전 1~2일 정도 물에 담그고 물을 2~3회 신선한 물로 바꿔가며 독성물질을 우려낸다. 작두콩을 가루로 내어 한 숟갈씩 하루 2~3번 복용하면 비염에 효과를 볼 수 있다. 비염에 좋은 차를 만들 때는 말린 꼬투리 15~20조각을 물 2ℓ에 넣고 보리차 끓이듯 끓이면 된다. 작두콩은 삼백초, 당귀 등과 함께 쓰면 효능이 더 좋아진다. 평상 시 작두콩을 이용하는 방법은, 작두콩을 볶아 가루로 내어 된장국이나 찌개 등에 이 가루를

10g 정도 넣어 준다. 가루를 인절미나 떡에 묻혀 먹으면 맛도 좋고 질병 치료에도 도움이 된다. 여물지 않은 꼬투리는 효소를 담그고, 종자는 볶아서 커피 대용으로 음용할 수 있다.